ESSAIS

SUR LES PONTS

ET CHAUSSÉES.

ESSAIS

SUR LES PONTS

ET CHAUSSÉES,

LA VOIRIE

ET LES CORVÉES.

A AMSTERDAM,

Chez CHATELAIN.

1759.

ESSAI
SUR LA VOIRIE,
ET LES
PONTS ET CHAUSSÉES
DE FRANCE.

AVANT-PROPOS.

J'AI lû quelque part, que Corinthe étant menacée d'un Siége, par Philippe, Roi de Macédoine, les Habitans animés par la grandeur du péril, & par la gloire qu'ils acquerroient à le surmonter, se livrerent tous avec une ardeur incroïable, aux préparatifs d'une vigoureuse défense. Les Femmes même voulurent y pren-

A

dre part, tant l'amour de la Patrie est capable d'élever & d'enflammer le courage. Les uns furent employés à l'approvisionnement des vivres & des munitions; d'autres à réparer les fortifications, & à dresser des machines de guerre ; ceux-ci à distribuer des armes, & à exercer les Soldats ; chacun à ce qui convenoit le mieux à ses talens & à sa profession. Diogene voyant qu'on ne le chargeoit de rien, quoiqu'il eût deux bras & une tête, fut saisi d'un soudain transport : il jetta son manteau & sa besace, & se mit à rouler son tonneau avec tant de véhémence, qu'il donna lieu à ses amis de lui en témoigner leur étonnement. Il leur répondit que dans une occasion où il voyoit toute la Ville occupée du bien public, il ne vouloit pas se faire soupçonner de paresse, ni qu'il eût été capable de refuser le

travail, fi le Magiftrat avoit dai-
gné l'occuper.

Quoique je ne reffemble en
rien à Diogene, fi ce n'eft, peut-
être, par un peu trop d'approxi-
mation à la pauvreté, & que je
ne préfume pas affez de mes forces pour me flatter que la République tirât quelque fecours
de mon travail, je ne laifferai pas
d'adopter la réponfe du Philofo-
phe cynique, fi l'on demande ce
qui peut me porter à remuer mon
tonneau. Je conviens que l'ennemi eft loin de nos portes, &
que fi les Dieux veulent nous
infpirer, il doit plus trembler pour
fes foyers, que nous n'avons à
craindre pour les nôtres ; mais il
n'en dévore pas moins, des yeux,
nos poffeffions ; & il porte fa fré-
néfie jufqu'à nous difputer l'empire des lettres, par la feule raifon qu'elles font devenues une
branche féconde de notre Com-

merce, & qu'il voudroit l'envahir tout entier. Chacun de mes Concitoyens, & tous, jufqu'aux femmes, fe faifant un devoir de défendre l'honneur de la Nation, j'ai cru qu'on ne me blâmeroit pas, fi j'ofois, au moins, figurer dans le combat, pour n'être pas regardé comme un admirateur oifif des différentes productions du tems, telles & en fi grand nombre que fi l'on ne peut dire qu'il n'y en eût jamais de meilleures, on ne doit pas craindre de fe tromper, en avançant qu'il n'y en eût jamais tant.

J'avoue auffi qu'un fecond motif de zele m'a excité : je n'ai pu voir fans émotion (a) qu'un de nos Auteurs politiques modernes fe foit élevé contre une matiere que j'affectionne, & par laquelle nous remportons avec éclat fur la Nation rivale, un avantage qu'el-

(a) Traité de la Population.

le ne fauroit nous contefter, je veux dire celui qui naît de la magnificence, & de l'utile commodité de nos chemins. Cependant leur largeur pouffée à l'excès, fuivant cet Auteur, & leur conftruction, qu'il trouve déplorable, l'indifpofent tellement, qu'il nous accufe de dérober (a) par l'une, à l'agriculture, l'étendue de deux Provinces ; & qu'il juge que l'autre (b) » pourroit être dé-» truite en un an de tems, par » une médiocre Colonie de Tau-» pes «. Je le crois bien, vraiment : des édifices plus folides ne foutiendroient pas des attaques fi férieufes (c) ; & quant à la perte du terrein, fi nous calculions la fuperficie qu'en occupent les Villes, les Bourgs, les Villages, les Hameaux, les Châteaux, les Fer-

(o) Premiete Part. p. 187.
(b) *Ibid.* pag. 184.
(c) Part. 11. p. 186.

A iij

mes, les Canaux, Etangs, &c. quel vol fait au labourage, pourrions-nous dire ? Mais la Société fe réjouit de ces pertes, par le dédommagement qu'elle en reçoit avec ufure, & ne fent pas moins l'indemnité que lui rapportent les chemins. Ce digne Citoyen dont, au furplus, je reconnois très fincérement le mérite, & qui a publié d'excellentes réflexions, blâme encore hautement les moyens dont on fe fert pour avancer la réparation des Ponts & Chauffées. Il veut qu'on fupprime le travail des corvées, parcequ'il n'en voit que les vices honteux, que je détefte plus que lui; & il fouhaite qu'on y fubftitue le travail des Soldats dont il n'a pefé ni les difficultés, ni les dangereufes conféquences. Qu'il me foit permis de dire, fans vouloir lui déplaire, qu'il auroit fagement fait de rejetter cette difcuf-

fion de fon Traité , & de la mettre au rang des chofes *dont il n'a*
pas voulu faire un livre , parce-
qu'il ne les favoit pas. Il n'a point
apperçu qu'indépendamment de
leur foibleffe , & fouvent de leur
contradiction , fes objections tendent à infpirer des préjugés dangereux , en faifant craindre au
Gouvernement les conféquences
d'un fyftême réellement avantageux à l'Etat ; & en dégoûtant les
Peuples d'un travail dont ils reti-
rent fenfiblement la récompenfe.
Je crains que ce ne foit à lui feul
qu'il faille imputer les préven-
tions (heureufement paffageres)
où l'on étoit tombé , tout récemment , fur ce fujet , & qui ne font
parvenues jufqu'à moi , dans mon
féjour champêtre , qu'à caufe
qu'elles ont été trop répandues:
mais il y a , dites-vous , des abus
dans la manutention des corvées.
Eh ! où n'y en a-t'il pas? Seroit-ce

une raifon d'anéantir tous les ordres? Le Miniftre fage ne s'oc-
cupe que du foin de les redreffer,
& de les affermir davantage ; encore reftera-t'il toujours à craindre que les Réformateurs ne
foient trompés, tant le vice eft in-
féparable de l'humanité.

C'eft ainfi qu'on s'expofe à une
jufte critique, quand on fe porte
foi-même à critiquer fans réfléxion, & qu'on entreprend de traiter des fujets auxquels on ne s'eft
point préparé. Il en eft des chemins, à certains égards, comme du commerce auquel ils font
deftinés. Tout le monde en parle;
peu de gens voient les refforts fecrets qui font mouvoir ces deux
immenfes machines. Chacun en
admire les dehors, & veut participer aux bienfaits qu'elles procurent ; mais perfonne ne fe porte volontairement à contribuer à
leur entretien. Pour me reftrain-

dre à la partie que j'examine, on voit, tout au plus, quelques Propriétaires de terres, pour obtenir des chemins qui devroient être faits à leurs dépens, offrir d'en avancer les deniers. Avare libéralité, qui n'a pour principe que de jouir plutôt, en chargeant l'Etat d'une anticipation de dépenſe inutile, & qui prive le Public d'un fond deſtiné à ſes beſoins. Nous ſommes injuſtes en tout, quand il s'agit de notre intérêt; mais nous le ſommes doublement lorſque nous blâmons en public des Etabliſſemens dont nous tâchons de profiter en particulier. J'avertis que cette derniere réflexion, qui regarde les corvées, eſt générale, & qu'elle n'a aucune application à perſonne, en particulier; mais les exemples de l'injuſtice que je peins, ne ſont pas rares. Une route qui conduit à la terre du Seigneur ou du

A v

Financier ; le dirai je ? à celle du
Senateur le plus contraire au travail des Communautés ; cette
route eſt-elle commencée ? il n'y
a rien , affirment-ils , de plus néceſſaire , ni de plus important.
C'eſt le premier commerce du
Roïaume qui va être ouvert , facilité , augmenté. La route eſt-
elle achevée ? on croiroit que ces
hommes métamorphoſés s'atten-
driſſent pour le peuple. Ils n'at-
tendent qu'une occaſion pour dé-
clamer pompeuſement *contre une
tyrannie qui acheve d'écraſer le
pauvre , déja expirant ſous le fardeau des impôts.* O hypocrites !
votre compaſſion reſſemble au
plâtre des Phariſiens : l'intérêt
de ce Peuple vous touche peu ,
& vous êtes inſenſibles au bien de
l'Etat.

Mais quelqu'un de mes Lecteurs, ſi j'en ai , ne demandera-
t'il pas qui je ſuis moi-même,

pour ofer cenfurer le Public, &
donner des leçons aux Savans?
je vais fatisfaire cette curiofité.
Le Public juge toujours faine-
ment quand les faits lui font connus , parcequ'il eft incorruptible ;
mais l'erreur l'entraîne , quand
elle le prévient. Il faut donc l'é-
claircir & l'inftruire , pour le
faire revenir de cette prévèntion ;
& c'eft lui marquer fon refpect,
que de lui fournir les notions
dont il a befoin , pour rendre
juftice. Tel eft l'objet de mon
travail.

Sur le fecond chef de l'inter-
rogation que je me fuis faite,
c'eft autre chofe. J'ai à prouver
mon apprentiffage , & à expliquer
d'où m'eft venu le droit de me
donner des lettres de maîtrife,
fans avoir jamais manié le craïon,
l'équerre , ni le niveau. J'ai déja
dit que j'habite les champs. J'a-
joute que c'eft loin de Paris, &

que j'y mene une vie auſſi active, que frugale. Comme on a ouvert pluſieurs routes aux environs de ma demeure, j'ai pris plaiſir à les parcourir toutes l'une après l'autre. J'ai fait connoiſſance avec les Officiers qui les conduiſent : inſenſiblement j'ai gagné leur confiance. Ils m'ont initié dans les myſteres de leur art, & s'ils ne m'ont pas tout-à-fait communiqué la ſcience d'un Ingénieur, ils m'ont rendu capable de diſtinguer ceux qui le ſont. Je ne me ſuis pas borné à cette connoiſſance, quoiqu'elle m'ait infiniment occupé : j'ai voulu être inſtruit de tous les objets qu'embraſſe l'adminiſtration de cette vaſte matiere. L'art, le droit, la police, la finance, les formes qu'on y ſuit ; enfin l'hiſtoire de ſes commencemens, & de ſes progrès. Je tâcherai de faire voir que mon étude n'a pas été tout-à-fait

vaine, & que je ne me vante pas
témérairement d'en savoir plus
que l'honorable ami des hommes,
ou, du moins, d'en parler plus
pertinemment. Il est si amplement dédommagé de ce petit
avantage, par de plus hauts genres d'érudition, auxquels je n'af-
pire pas; il a tant d'esprit, &,
encore un coup, il est si bon Citoyen, qu'il ne m'enviera pas *la
gloriole* après laquelle je cours. Il
est bien plus propre à m'applau-
dir, quand il verra que je ne critique ni par humeur, ni par ambition, & que mon unique but
est de l'imiter, en montrant mon
attachement au bonheur de la
Patrie.

Je ne traiterai dans ce Dif-
cours préliminaire, que la partie
historique des Ponts & Chauffées, puisque c'est aux autres de
former le corps de mon ouvrage.

Le Duc de Sully a été le pre-

mier Miniftre qui , depuis la fondation de la Monarchie , ait affez
vivement fenti de quelle influence étoient les chemins fur le commerce intérieur du Royaume. Que
ce foit uniquement pour fon utilité , comme on pourroit l'inférer
de la réflexion d'un Jurifconfulte,
fon contemporain , *tant vaut
homme , tant vaut fa terre* ; ou qu'il
n'ait envifagé que le bien de l'E-
tat , comme ma vénération pour
ce grand homme me le perfuade ;
ou qu'enfin il ait réuni ces deux
intérêts , dans la création qu'il
obtint de la charge de Grand-
Voyer ; toujours eft-il certain que
la Nation y gagna (& de quelles
bonnes idées ne lui eft-elle pas re-
devable fur toutes les parties du
Gouvernement !) On trouve encore en différens lieux des reftes
de Chauffées dont la tradition
populaire lui fait honneur ; &
j'ai vu moi-même , il y a plus de

trente ans, quelques-uns de ces chemins ruinés, bordés de grands arbres dont on lui rapportoit l'exiſtence, ce qui conduiroit à lui attribuer auſſi la plantation des Chemins, renouvellée de nos jours, Henri II étant le premier de nos Rois qui l'ait ordonnée par ſa Déclaration du 19 Janvier 1552. Quoi qu'il en ſoit, car il ſeroit ſuperflu de s'appeſantir ſur de telles recherches, nous ſavons que ſous la ſage adminiſtration de cet illuſtre Citoyen, il y eût des regles de Police établies pour la Grande & la Petite Voirie, & des fonds deſtinés dans les Etats des Finances, pour la réparation des Ponts & Chauſſées ; cette derniere circonſtance ſuffit pour démontrer la vérité de ma propoſition. Avant cette époque, les Baillifs ſe regardant, depuis l'origine des Fiefs, comme les Protecteurs des Chemins publics, les entretenoient , ou les négligeoient , à leur gré ; & ce que nous lifons dans les Capitulaires , & dans les anciennes Ordonnances de nos Rois prouve que leur plus grande vigilance ne tendoit qu'à la réparation du fol naturel de la voie publique , lorfqu'elle étoit dégradée ; & à la faire reftituer par les propriétaires des héritages qui étoient dans l'habitude de l'ufurper.

Il faut cependant convenir que le zele du Duc de Sully n'eut pas, à beaucoup près, tout l'effet qu'il s'en étoit promis. Ce regne , fi honorable aux faftes de la Nation , & dont la mémoire vivra éternellement dans le cœur de tous les bons François ; ce regne fût trop court pour rendre folide & durable l'établiffement qu'il avoit formé.

Les tems , fous Louis XIII , furent fi orageux, & le Miniftre qui dominoit, si appliqué à la guerre au-dedans, & au-dehors, qu'en sentant tout le prix du Commerce, il ne pût presque rien faire en sa faveur, si néanmoins ce n'est pas beaucoup que d'avoir fondé une Marine; mais il fut trop occupé du jeu des grands ressorts de la politique, pour descendre aux moyens œconomiques, qui fructifient lentement, & demandent une tranquillité dont l'Etat ne pût jouir pendant son ministere.

Les commencemens du dernier regne furent encore plus agités. Les troubles intérieurs; les guerres civiles; la corruption des mœurs, cause, ou effet toujours certains, de l'esprit de péculat dans tous les ordres; furent autant de fléaux ajoutés aux guerres étrangeres, pour accabler l'Etat, & n'auroient pas permis au Cardinal Mazarin de porter ses vues sur les chemins publics.

Il étoit écrit dans les livres du deftin, que l'Etat ne prendroit une nouvelle forme, par le rétabliffement de l'ordre, que fous la main favante du grand Colbert; mais par une autre fatalité bien déplorable, ce Miniftre qui procura des loix & des regles à la Juftice, à la Police, aux Finances, & au Commerce en général, oublia que la Voirie n'en avoit point, ou n'eut pas le tems de lui en donner, quoiqu'il dût mieux fentir qu'un autre, à l'imitation du grand modele qu'il travailloit à perfectionner, tous les avantages que retireroit de la réparation des chemins ce Commerce dont il étoit le falutaire reftaurateur. Peut-être auffi que de fon tems la Géométrie n'avoit pas été affez cultivée, pour élever un nombre fuffifant de fujets propres à former un corps d'Ingénieurs; & nous favons, en ef-

fet, que l'Architecture publique
étoit encore au berceau. Perfonne n'ignore le fort du Pont de
Moulins bâti par le célebre Man-
fard; il ne favoit pas que des
pieux battus dans le fable, réfif-
tent à une certaine profondeur,
aux coups redoublés du mouton
le plus péfant : il fonda fur cette
matiere, comme s'il avoit atteint
le tuf, & il ne mefura pas l'ouverture des arches au volume
d'eau qu'elles devoient contenir
dans le tems des crues. Son édifice, bientôt renverfé, fervit de
leçon à l'ignorance téméraire;
mais le tems feul forma les Savans. Si le Chef des Architectes
étoit fi peu verfé dans les principes de ce genre de conftruction,
combien la fcience de fes inférieurs étoit-elle bornée ? Quoi
qu'il en foit, M. Colbert ne porta pas fur le corps de la Voirie,
cette main bienfaifante à laquelle

je viens de rendre un jufte hommage, & à qui tant d'autres matieres ont dû leur accroiffement.
Il n'en réforma que peu d'abus,
& encore imparfaitement.

Après lui les chemins furent
comme condamnés à l'abandon,
& refterent en ce déplorable état
jufqu'à M. Defmaretz, qui prit
à cœur de les tirer de l'oubli. A
l'aide d'un Magiftrat (a) auffi ac-
tif qu'éclairé, qui en prit le détail, il auroit certainement illuf-
tré cette direction, fi la trop longue guerre que la France eût à
foutenir, ne l'eut épuifée ; car il
débuta par des entreprifes d'é-
clat, telles que la route d'Orléans, dont il fit tirer les alignemens aux abords de la Capitale. Il
entreprit de relever des Ponts,
& fur tout il inftitua, pour la
premiere fois, un corps de génie.

Sous la Régence de M. le Duc
_____
(a) M. de Bercy.

d'Orléans , toutes chofes ayant pris de nouvelles faces , il n'eut pas été glorieux au Confeil qu'il établit pour le dedans du Royaume , d'abandonner les traces que M. Defmaretz lui avoit frayées , & de ne pas les pouffer plus loin. Cette partie lui devenoit d'autant plus recommandable , qu'elle devoit donner du luftre à fes autres opérations, en favorifant le Commerce dont il s'étoit hautement déclaré le Protecteur ; & , certes , il étoit trop bien compofé pour démentir l'opinion que le Public avoit conçue de fes lumieres. A ce Confeil préfidoit un de ces génies vifs & perçans (*a*) , à la fagacité defquels rien n'échappe , & qui , enrichi de mille connoiffances , dont l'affemblage eft fi rare , étoit plus capable que tous de perfectionner l'ébauche qu'il avoit fous fes yeux. Auffi

(*a*) M. le Maréchal de Noailles.

donna-t'il les plus grandes idées de ſes deſſeins, par les ſommes conſidérables qu'il fit deſtiner à leur exécution ; maïs deux grands obſtacles l'arrêterent dans ſa courſe. L'un fut l'incapacité d'un grand nombre d'Ingénieurs pris au haſard, & peut-être leur peu de délicateſſe ſur les moyens de s'enrichir, dans une place dont l'honneur doit être le principal revenu. L'autre naquit de la révocation des Conſeils.

Ce fut alors qu'un Sophiſte politique ayant fait accepter le fameux & terrible ſyſteme des papiers, les formes du Gouvernement changerent pour l'adminiſtration des Finances, & que celle des Ponts & Chauſſées fût miſe en direction. Cette nouvelle inſtitution d'un homme uniquement occupé de ſon objet, porta beaucoup de vivacité dans la régie. Pluſieurs routes furent ouvertes, & entr'autres travaux remarquables, on conftruifit le Pont de Blois, très digne d'illuftrer cette époque. Il y a tout lieu de croire, qu'avec tant de zele, on n'auroit pas laiffé aux Succeffeurs l'avantage de mettre la derniere main à ce département, fi les fecours s'y étoient maintenus; mais l'exceffive cherté que l'abondance, & le difcrédit de la monnoie du tems, avoient produite fur les matériaux & la main-d'œuvre; & enfin la chûte entiere des Billets de Banque, lui avoient fait, dès 1720, une plaie incurable, en formant, dans toutes les caiffes, un vuide énorme qui ne pouvoit être remplacé. On devoit une fomme immenfe aux Entrepreneurs, qui, par-là, étoient hors d'état de faire de nouvelles avances; & néanmoins, en donnant des à-comptes, on pourvoyoit, autant qu'il étoit poffible, au plus preſſé ; mais on ſent à combien d'inconvéniens eſt ſujet un ſervice précaire. Des Four-niſſeurs , & des Ouvriers mal payés, ſe ſauvent ſur le prix , & ſur la legereté de l'ouvrage , tan-dis que l'Etat, mal ſervi, s'endette toujours de plus en plus, & tom-be dans l'impuiſſance abſolue de s'acquitter, s'il ne change de con-duite. D'ailleurs le déſordre s'y met ; on retarde une dépenſe né-ceſſaire , pour en faire d'inutiles par anticipation, parcequ'il n'y a point de barriere que ne forcent le crédit , & la faveur.

Telle étoit, en 1726, la ſitua-tion des Ponts & Chauſſées, lorſ-que M. Dubois , qui , dès 1723 , avoit ſuccedé à la direction de M. le Marquis de Beringhen , entreprit de les liquider , & de réprimer tous les abus que le deſordre occaſionné par le mal-heur des tems , y avoit introduits.

Ce

Ce nouveau Directeur étoit frere du Cardinal de ce nom, premier Miniſtre, &, comme lui, natif de Brive en Limoſin, Ville habituée à produire des hommes d'Etat. Il parvint à cette liquidation par l'œconomie, unique reſſource que l'eſprit humain puiſſe indiquer pour de ſemblables opérations. Elle réuſſit, d'autant que ſi elle eſt unique, elle n'eſt pas moins infaillible. L'exactitude à payer le courant, procura une diminution ſenſible ſur les prix, tandis que d'un autre côté on réduiſoit la créance des Entrepreneurs, par une ſouſtraction rigoureuſe de ce qui ne leur étoit pas légitimement dû. Cet arrangement tout ſimple ramena l'ordre : les comptes furent appurés ; & quoiqu'on m'ait aſſuré que les arrérages dûs par le Tréſor Royal aux Ponts & Chauſſées ne ſoient pas encore payés,

B

on n'en rembourſa pas moins tous les Créanciers.

En travaillant à cette liquidation , d'autant plus pénible qu'elle étoit hériſſée de calculs minutieux , on ne laiſſoit pas de fonder la théorie & la pratique du travail ſur les meilleurs principes ; & l'on formoit un ſéminaire d'éleves d'architecture. C'eſt de cette pepiniere , encore obſcure , parcequ'on étoit à l'étroit, qu'on tira un nombre ſuffiſant de chefs & de ſous-ordres pour la conduite de tous les atteliers : tant il eſt vrai que les plus belles inſtitutions doivent leur triomphe à de foibles commencemens, & que le progrès en eſt toujours rapide , quand leurs principes , loin d'être deſtructeurs de l'humanité , ne peuvent aboutir qu'à la rendre plus féconde. Si tous les Ingénieurs des Ponts & Chauſſées ne furent pas d'abord égale-

ment bons, c'eft que l'égalité des
talens & des mœurs ne s'eft jamais trouvée dans aucun corps à
fa formation ; & je doute même
qu'après trente-trois ans de foins,
de peines & de recherches, celui-
ci touche encore à ce point d'u-
niformité, où le choix pourroit
devenir fuperflu, par la certitude
où l'on feroit de n'y trouver rien
de foible ; mais au terme d'où
je pars, il y avoit déja d'excellens feconds, & qui doivent aujourd'hui faire des premiers encore plus excellens.

Le Département fut remis en
Finance en 1735 ; mais comme
le Miniftere fuivit les mêmes er-
remens, & que les acteurs ne
changerent point, je ne ferai pas
de cet évenement une nouvelle
époque. Je terminerai à 1742
celle dont je rends compte, en
ajoutant que depuis 1723, où
elle avoit commencé, on exé-

cuta heureufement de grands,
de magnifiques, de folides ouvrages, & qu'on eût la gloire de
livrer l'édifice de la régie en fi
bon état, qu'il n'avoit plus befoin que de la décoration exté-
rieure, & de l'autorité néceffaire
pour en empêcher le dépériffement. C'eft une juftice que tous
les Ingénieurs qui l'ont vu, rendent à la direction qui l'a fondé;
& je crois m'acquitter d'un devoir de Citoyen en publiant ce
témoignage, dans l'opinion où
je fuis que le mérite des Inven-
teurs ne doit jamais s'effacer de
la mémoire des hommes, encore
moins de celle d'un gouvernement jufte qui doit les récom-
penfer par tout ce qu'il y a de
plus propre à exciter l'émulation.
Sans doute le falaire, la protection, les égards & l'efpé-
rance de l'avancement font dûs
à la vertu qui fert; mais d'où

lui naîtra le courage de confa-
crer fa vie à l'Etat, s'il voit que
ceux qui ont couru la même carriere, & l'ont remplie avec autant d'intégrité que de zele, ont
été les victimes de la paffion.

J'en fuis à la derniere époque,
certainement la plus brillante par
la fupériorité du génie qui dirige & qui réunit en lui tout ce
qu'il faut pour réuffir, *un grand
mérite avec un grand pouvoir.*
Cette école d'Ingénieurs qui
avoit pris naiffance fous de fragiles aufpices, s'eft accrue à l'aide de fes lumieres & à l'appui
de fes faveurs. L'inftruction y eft
ouverte à tous les Afpirans qui
ont des atteftations de bonne
conduite. L'examen & le difcernement y affurent la préférence
au plus digne. La probité y eft
regardée comme la premiere vertu ; le favoir y eft exigé comme
la feconde, & il faut que l'a-

B iij

mour du travail les étaie toutes
deux. Il n'y a point de corps où
la subordination soit plus sagement distribuée par la distinction
des grades & des fonctions; ni
où la discipline soit mieux gar-
dée. Il seroit superflu 'd'annoncer qu'en partant de si bons principes, on a poussé très loin la
réparation des chemins , & que
ces deux dernieres époques l'ont
portée à un point auquel aucun
Empire n'est jamais parvenu 'en
si peu de tems avec de si modiques secours. La construction
d'un grand nombre de Ponts du
premier & du second ordre : les
deux extrémités du Royaume
unies par des communications
praticables en tous tems : des
voitures publiques établies sur les
routes mêmes où il étoit dangereux de voyager à cheval , rendront ces travaux aussi célebres,
que chers à la postérité , & doi-

vent faire fouhaiter que celui qui travaille à les porter à leur perfection, voie la fin du fiecle auquel il en affure la gloire.

Je diviferai ce Traité en trois parties.

Dans la premiere, je parlerai des hommes qui concourent à la réparation des Chemins, en commençant par l'adminiftration qui l'ordonne & la conduit.

Dans la feconde, j'examinerai les chofes; c'eft-à-dire les ouvrages de tout genre & de toute efpece qu'on emploie à la réparation, & les moyens dont on ufe pour les exécuter.

Enfin dans la troifieme, il s'agira du droit qui régit cette matiere, & des formes qu'on y fuit. Peut-être même irai-je jufqu'à propofer des arrangemens qui pourroient y être utiles ou néceffaires, & fur-tout la promulgation d'une loi qui affure à jamais

B iv

la durée des principes qu'elle aura établis , & l'obfervation des regles qu'elle aura impofées. Celle des formes eft le frein le plus propre à captiver la cupidité , & à contenir l'abus du pouvoir qui travaille fans ceffe à les anéantir, pour tout foumettre à fon caprice.

ESSAI
SUR LA VOIRIE,
ET LES
PONTS ET CHAUSSÉES
DE FRANCE.

PREMIERE PARTIE.
DES HOMMES QUI CONCOURENT
A LA RÉPARATION DES CHEMINS.

CHAPITRE PREMIER.
De l'administration générale des Ponts & Chaussées.

LES anciens Peuples ne mettoient pas au rang des administrations brillantes, celle de l'entre-

B v

tien des Chemins publics. Suétone (a) nous apprend que Cesar, la premiere fois qu'il fut créé Conful, fe tint offenfé de la propofition qui fut faite au Sénat, d'ajouter cette direction, avec celle des Eaux & Forêts, aux autres fonctions du Confulat; & Pétrarque rapporte que dans une occafion, où le parti dominant du Confeil de Thebes étoit contraire à Epaminondas, on conféra la charge des Chemins à ce célebre Général, comme pour l'humilier, lorfqu'il s'attendoit, avec raifon, à être continué dans les premieres dignités de la République. Sa vertu fut bien s'en venger par cette belle réponfe, fi digne d'une grande ame & du zele d'un bon Citoyen (b). *Je ferai enforte,*

(a) In vita Cæf.

(b) Curabo ne tam mihi defati minifterii obfit indignitas, quam ut illi mea dignitas profit.... (*Petrarcha, lib. de opt. adm. reip.*) Bergier, hift. des Chemins de l'Emp. Rom. ch. 2.

dit-il, *que la baſſeſſe de cet Office ne me nuira pas tant, que la dignité de ma perſonne lui profitera.* Sans doute cette idée de vilité que les Thébains attachoient à la direction des Chemins, ne pouvoit naître que des ſentimens peu convenables dans leſquels ils vivoient ſur la profeſſion du Commerce. On ſait que les Romains le regardoient auſſi avec mépris, n'y ayant dans leurs préjugés que la valeur & la ſcience militaire qui duſſent conduire aux grandes Magiſtratures. Cependant la Voirie étoit, chez eux, confiée aux Ediles Curules, charge diſtinguée, toujours remplie par des Patriciens, & par laquelle il falloit néceſſairement paſſer pour arriver aux plus éminentes; mais il paroît qu'à l'exception de ces voies célebres, plutôt faites aux abords de Rome, pour annoncer la majeſté de l'Empire, que pour aucune utilité , puifqu'une telle magnificence n'augmentoit point la facilité des approvifionnemens, la guerre étoit l'unique objet de l'attention finguliere que les Romains donnoient aux chemins publics , & de ces chauffées fi renommées, que leur folidité a confervées jufqu'à nous dans la Belgique & dans plufieurs Provinces de ce Royaume ; auffi les appelloient-ils *Voies militaires* ; ce qui leur faifoit regarder la charge municipale d'Edile , comme militaire elle-même , d'autant mieux que le foin d'approvifionner les armées lui étoit confié.

Outre le motif de tranfporter les armées, avec une extrême célérité , par tout où la défenfe de l'Empire le requeroit , la politique d'Augufte apperçut deux autres grands avantages dans la multiplication des chemins ; l'un de contenir les troupes & les peuples

dans l'obéiſſance, en les y forçant
par un travail ſi dur, qu'il leur
ôtat l'envie de cabaler en ne leur
laiſſant pas le loiſir de reſpirer ;
l'autre d'expédier plus promptement les couriers qu'il avoit établis ; & c'eſt ce qui donna un progrès ſi rapide à la conſtruction de
toutes ces chauſſées, dont l'étendue & la ſolidité ont également
étonné l'univers. Alors les premiers hommes de l'Etat s'occup-
perent de ce ſoin, pour faire leur
cour à l'Empereur ; & ſes Succeſſeurs les plus ſages, tels que
Trajan & Adrien, ſe firent gloire
de l'imiter. Mais comme la force
de l'Empire n'étoit appuyée que
ſur celle des armes, il fut ren-
verſé par le même eſprit de conquête qui l'avoit élevé ; & les chemins périrent par l'ignorance &
l'avarice des Barbares.

Avec plus de lumieres que n'en
avoient les Thébains & les Ro-

mains eux-mêmes fur les vraies
fourcesde la puiffance, nous avons
pris auffi des idées plus faines fur
la dignité du Commerce. Nous
le regardons comme le foutien le
plus ferme d'un grand Etat, &
nous faifons une maxime capitale
du devoir de le favorifer, de l'é-
tendre, & de l'augmenter. Nous
regardons, avec raifon, comme
une des plus nobles fonctions du
Gouvernement, la direction des
moyens qui peuvent conduire à
ce but, & celle des chemins,
comme un des moyens les plus
favorables au commerce ; deux
fondemens inébranlables, quand
ils font inféparablement unis.
Auffi avons-nous vu que le premier Citoyen qui a ouvert cette
carriere, étoit le plus grand homme d'Etat que la Providence eût
jufques-là fait naître parmi nous,
& d'une haute naiffance, diftin-
gué par des honneurs éclatans,

&, ce qui eſt infiniment plus précieux, honoré de l'intime confiance du plus grand de nos Mo-
narques, dont le diſcernement
régloit le choix, & dont le choix
garantiſſoit l'équité. Il ne ſemble
pas qu'après cet exemple, aucun
Seigneur, quelqu'élevé qu'il fût,
trouvât la direction des chemins
au-deſſous de ſon rang, & je ſuis
perſuadé que les plus dignes de la
premiere claſſe, ne me dédiroient
pas ; mais l'exemple même s'y op-
poſeroit, en ce que le Duc de
Sully avoit l'adminiſtration des
Finances, & que tout concourt
à faire décider que celle des Ponts
& Chauſſées y ſoit à jamais unie.
La correſpondance directe &
continuelle que ce Miniſtre entretient avec les Intendans, chevil-
les ouvrieres de cette machine ;
leur dépendance de ſes ordres
pour tout ce qui peut la faire mouvoir ; l'intérêt qu'ils ont de con-

tribuer à l'accompliſſement de ſes
deſſeins, & de lui faire connoître leurs talens ; la ſupériorité
qu'ils exercent eux-mêmes, pour
d'autres détails, ſur des ſous ordres qui peuvent ſeuls aider à la
manœuvre de celui ci ; tout dit
que les ſuccès ſeroient moins ſûrs,
moins prompts, & peut être im-
poſſibles dans les mains de toute
autre autorité. Il ne s'agit plus
que de voir ſur quels principes il
doit diriger la matiere.

Il y auroit de l'indécence à demander qu'un Contrôleur Général des Finances entrât dans les
bas détails de toutes celles qui lui
ſont ſoumiſes, & ſur tout dans
la méchanique de celle ci, puiſqu'elle occuperoit tout entier l'ouvrier le plus habile qui voudroit
en manier tous les reſſorts. Un
Miniſtre ne doit voir les objets
que dans leur tout. La Carte générale du Royaume, même ré-

duite au plus petit pied , lui suffit
pour la direction des Ponts &
Chauffées. C'est affez qu'il con-
noisse en gros les routes & les
chemins royaux , les rivieres na-
vigables qui les coupent , les principales Villes qu'ils traverfent ,
les Ports & les Entrepôts où ils
aboutissent : Qu'il fache à quelle
dépenfe annuelle monte leur entretien , & quelles font les charges néceffaires de l'état du Roi ;
quel fond on doit impofer an-
nuellement pour en former la recette , & ce qu'il doit en accorder
à chaque Généralité. Il feroit à
fouhaiter que cette deftination
fût inviolablement fuivie en tems
de guerre comme en paix , & que
dans ce premier cas le retranchement tombât fur des parties moins
preffantes. L'emploi du fond des
Ponts & Chauffées , à l'objet pour
lequel il eft levé , tourne tout entier au profit de l'Etat , non-feu-

lement en ce que la vente des matériaux & le prix de la main-d'œuvre servent au paiement du tribut ; mais encore en ce que le travail augmente le debit des denrées , & que ces deux bienfaits portent directement sur les classes des sujets les plus recommandables. Ces réflexions ne peuvent échapper à un Ministre éclairé ; mais je sais aussi qu'en le supposant capable de renoncer à des préjugés dont l'ancienneté ne justifie pas les inconvéniens , il est des cas où l'on ne peut se guider par ses propres lumieres, ni par la rectitude de ses intentions , & où l'on est entraîné par des circonstances inexorables ; aussi n'ai-je pas la témérité de pousser plus loin mes réflexions , & je reviens à mon sujet.

Quand j'ai dit qu'un Ministre ne pouvoit suivre le détail, je n'ai pas prétendu qu'il dût en igno-

rer les parties. Sans cette connoiffance il ne pourroit juger fi elles
font conduites fagement ; & de-
là vient qu'un Miniftre qui les
poffede , eft toujours fi fupérieur
à ceux qui n'ont qu'une théorie
fuperficielle , & qui jugeant de
tout par une imagination déré-
glée , changent de fyftême à chaque moment, ou , pour mieux
dire , n'en ont jamais.

Il fera louable dans le Miniftre,
chef de la direction , qu'il en connoiffe les Membres ; c'eft-à-dire
qu'il foit informé du mérite perfonnel des Sujets qui travaillent
médiatement fous fes ordres. Premierement , des Intendans qui les
exécutent avec le plus d'intelligence & d'activité , & de ceux
qui paroiffent y prendre le moins
d'intérêt. En fecond lieu , des
Commiffaires que le Confeil tire
des Bureaux des Finances. Enfin
des Infpecteurs généraux & des

Ingénieurs en chef ; enforte que
fi leur Protecteur direct en cette
partie venoit à leur manquer, ils
ne tombaffent pas dans l'oubli
avec leurs talens & leurs fervices.

Il ne doit pas non plus ignorer
les formes générales auxquelles
ce département eft affujetti, puifqu'il eft le premier Juge de leur
pratique, & qu'en examinant fi
elles font conformes au droit
commun, il peut ou leur donner
plus de force & d'activité, ou les
temperer felon le befoin.

CHAPITRE II.

De l'adminiftration du détail.

LE Magiftrat qui eft chargé
du détail, régit directement par
lui-même la Généralité de Paris.
Elle eft divifée en deux Départemens, dont l'un comprend la

Ville, ſes Fauxbourgs & Banlieue, ſous le titre de Pavé de Paris. L'autre s'étend, ſous le nom
de Ponts & Chauſſées, juſqu'aux
bornes des Généralités dont il eſt
environné. Dans tous les deux,
les formalités du droit, & de la
Police ſont remplies, tant par le
Bureau des Finances en corps,
que par des Tréſoriers de France
de la même Compagnie, qui ont
des Commiſſions particulieres du
Roi.

Pour la conduite des ouvrages
du Pavé de Paris, il y a, ſous le
Commiſſaire, un Inſpecteur Général, & quatre Sous-Inſpecteurs.
On y entretient auſſi un Garde
de la Prevôté de l'Hôtel, pour
l'exécution des ordres.

Les travaux des Ponts &
Chauſſées du ſurplus de la Généralité, ſont dirigés par des Ingénieurs en chef, ou des Sous-
Inſpecteurs, ſur les plans & la

conduite d'un Infpecteur général.

La régie directe des Provinces
eft confiée aux Intendans, fous
les ordres du Miniftre & l'inftruction particuliére du Commiffaire
général. Chaque Intendant y rem-
plit les formes du droit & de la
police, par la propre autorité
dont il eft pourvu, & par celle
d'un Tréforier de France de fa
Généralité, revêtu d'une com-
miffion du Roi. Il y a dans chacune de ces Généralités, un Ingénieur en chef, & quelquefois
deux. Plufieurs Sous-Infpecteurs,
Sous-Ingénieurs & Eleves, par
proportion à la quantité d'ouvrages qu'on y fait ; & tous ces Officiers de l'art font fubordonnés à
un Infpecteur général.

Il y a pour tout le Royaume un
premier Ingénieur & cinq Infpecteurs généraux. Ces places principales font remplies par les Ingénieurs en chef les plus expérimen-

tés, & qui ont été jugés les plus
capables. Ils forment ensemble
une espece d'Etat-Major.

Enfin le Roi entretient à Paris
une école, où des Maîtres gagés
instruisent les Eleves, non-seulement des mathématiques & du
dessein, mais encore des deux Ar-
chitectures publique & civile.

Outre ces deux départemens
du Pavé de Paris, & des Ponts &
Chaussées du Royaume, l'administration en embrasse un troisieme ; c'est celui des Turcies &
levées des rivieres de Loire, Cher
& Allier, auquel préside pour la
police, pour les formalités &
pour la visite des ouvrages, un
Officier en titre d'Intendant. Il y
a pour les projets & la conduite
des ouvrages, un Ingénieur général ; deux Ingénieurs en chef qui
lui sont subordonnés, l'un pour
le haut, l'autre pour le bas de la
Loire, & plusieurs Sous-Inspec-

teurs , ou Sous-Ingénieurs.

Je parlerai amplement, à la ſuite de ce chapitre , de l'origine & des progrès de tous ces établiſ-ſemens , ainſi que des fonctions de tous les Officiers qui en ont la manutention , & je ſuivrai pour ce détail l'ordre dans lequel je viens de les déſigner. .

Qu'on ſe repréſente mainte-nant, au milieu de tous ces Agens, le Magiſtrat qui les gouverne; ſans ceſſe occupé à les tenir tout-à-la-fois dans une action conti-nuelle , & dans un ordre qui pré-vienne la plus legere confuſion; qui , toujours attentif à la diſci-pline, n'en veille pas moins ſur les mœurs & ſur la conduite de tant de ſujets ; qui les empêche de s'entrechoquer dans l'exécu-tion des ordres ; qui ſache exci-ter les uns , retenir les autres, éteindre les haines & les jalou-ſies , accorder les contrariétés,

étouffer

étouffer les diffensions , diffiper
les petites cabales , punir & ré-
compenfer à propos.

Qui ait toujours repréfenté à fes
yeux la Carte générale d'un grand
Royaume , & les Plans particuliers des Chemins & des Rivieres
dont ce Royaume eft percé dans
tous les fens. Qui ait diftribué
dans fa tête les grandes routes qui
le traverfent du Nord au Sud , &
du Levant à l'Occident ; qui fache à quels commerces elles fervent, pour donner la préférence
à celles qui la méritent le plus
pour cet objet. Qui voie du même
coup d'œil les branches aboutif-
fantes à ces routes , & les rameaux
plus ou moins importans que chacune produit : qui, fans être affez
verfé dans l'art pour former lui-
même un projet de conftruction ,
y ait acquis affez de connoiffance
pour juger de la bonté du plan
qu'on lui préfente ; qui puiffe le

C

difcuter dans tous fes points, par
fa forme & fes proportions relati-
ves au local ; par la nature & la
qualité des matériaux, par la difficulté des tranfports, par le prix
de la main d'œuvre, par les obftacles qui en peuvent arrêter l'exécution ou la fufpendre, par les
moyens qu'il y aura de les détourner ou de les lever ; enfin par la
dépenfe qui réfultera de tous ces
objets raffemblés. Encore ne vou-
dra-t'il pas s'en rapporter à fes
feules lumieres, fi le projet eft
affez important pour mériter une
plus ample difcuffion ; mais l'examen auquel il le foumettra le jet-
tera dans de nouveaux doutes,
parcequ'il eft rare que deux Architectes penfent uniformément
fur la même queftion ; & il faudra qu'après avoir pefé les avis de
part & d'autre, il fe détermine
par la feule force de fon jugement. Aura-t'il pris fon parti fur

les raisons les plus palpables, il s'élevera des oppositions de la part des Puissances ; des représentations sans fin de Corps de Chapitres, de Communautés laïques qui n'entendirent jamais leurs intérêts, & de Communautés régulieres, qui, en étendant toujours les leurs, ne peuvent en abandonner la poursuite, quelque injuste qu'elle soit ; des sollicitations pressantes de tous les particuliers. Chacun aura fait sa ligue, & réuni tous ses expédiens. Ici l'alignement excitera des murmures. On le fait passer sur des terreins précieux ; on coupe des jardins & des vergers ; on s'éloigne d'un Bourg où les voyageurs & les voituriers trouvoient tous les secours dont ils pouvoient avoir besoin, & qui sera ruiné par l'abandon de l'ancien chemin. Il ne pourra plus payer les impositions dont il est chargé, perte fenfible pour l'Etat : fes habitans auront la douleur d'être commandés pour travailler à leur propre deftruction. Là, dira-t'on, l'emplacement du pont qu'on veut bâtir eft mal choifi : fes abords auroient été plus beaux, fes rampes plus douces & plus commodes, fi on l'avoit porté au-deffous ou au-deffus. Le parti contraire foutient que ces objections font vaines. Le nouveau chemin abregera : il paffera fur un terrein plus uni : il y aura moins d'ouvrages à faire, & conféquemment moins de dépenfe pour l'Etat ; raifons fans replique, & qui doivent l'emporter. A la nouvelle de ce débat, tous les Propriétaires fe rangent du côté qui les favorife : ils écrivent, donnent des mémoires, dreffent des plans exagerés, font agir leurs Protecteurs & leurs amis : la Cour & la Ville font

partagées : l'affaire devient si sé-
rieuse ; on a jetté tant de doutes
& de défiances dans l'esprit du
Magistrat, qu'il suspend l'exécution. Plus il est pénétré de l'amour
du bien public ; plus il est en
garde contre les attaques de la
puissance & les importunités de
la faveur ; plus il craint de se déterminer par leur influence. Heureux si, malgré ses précautions, il
n'est pas entraîné par l'une, ou
par l'autre, à prendre le mauvais
parti, & toujours en crainte de
se faire des ennemis dangereux,
s'il n'écoute que la raison & l'é-
quité.

Si ce projet, qui excite tant de
clameurs & de mouvemens, regarde la Province, il en sort
une hydre de nouvelles difficultés, à moins que l'Intendant &
l'Inspecteur général ne soient parfaitement d'accord. Mais si, par
une fatalité qui n'est que trop

commune, ils font d'avis contraire, quel embarras ! L'Infpecteur mérite toute la confiance par
fes lumieres : le Préfet eft refpectable par fon rang, & il fe croit
fouvent en état de redreffer l'homme d'art & la direction ; car il
y a peu d'Intendans qui n'aient
leur fyftême à part fur cette matiere, & qui ne fe jugent très
capables de la gouverner en chef,
ce qui peut être fort vrai de quelques-uns ; mais qu'il peut être
permis de ne pas préfumer de tous.
Il faut donc que le Commiffaire
général connoiffe, par une étude
très fuivie, les préjugés, le ge-
nie, & le caractere de tous ces
Commiffaires départis ; qu'il les
tourne à fon fentiment par des
réflexions mefurées, par des invitations propres à flatter leur
amour propre, par des ménagemens perfonnels qui n'intéreffent
pas le fond des chofes ; ou qu'il

en vienne à bout par une fermeté
qui subjuge leur obstination. Il
est obligé de tenir la balance dans
un équilibre très difficile entre
l'Intendant qui veut ordonner à
son gré, & l'Ingénieur qui ne
veut obéir qu'à l'autorité premiere, de laquelle il tire tout son
relief, & qui se glorifie de la faire
valoir. Un autre genre de contradiction s'éleve entre les Subdélégués, soutenus de l'Intendant
qu'ils représentent, & les Ingénieurs qui veulent les primer. La
vanité inséparable du cœur humain, appelle la discorde. Elle
souffle son poison sur les rivaux
& leur suite : la dissension s'y
met, & de-là des jalousies naif-
sent, des haines, des querelles,
de faux rapports, quelquefois des
dénonciations & des accusations
odieuses. Imaginons une intelligence éternellement occupée à
mettre d'accord tous ces contrai-

res, à les ramener à un point de réunion & à une même façon de penser, dont dépend le succès des entreprises; car s'il y a deux principes, les conséquences qui en découleront, seront destruc-tives l'une de l'autre.

Si à tant de discussions, dont la source est intarissable & se ré-pand sur la surface de vingt-qua-tre Provinces, nous ajoutons les questions judiciaires qui se pré-sentent tous les jours, nous trou-verons que si les premieres affec-tent davantage, les dernieres n'occupent pas moins. Tantôt c'est une Isle à supprimer, dont les Engagistes reclament le rem-boursement sur des titres suspects; une pêcherie qu'il faut détruire, parcequ'elle nuit au Pont qu'on veut rétablir, le Propriétaire avoit il le droit de pêche, ou ne l'avoit il pas? la possession dont il argumente est-elle un titre suf-

fifant ? Aujourd'hui ce font des
maifons à démolir, dont il faut
indemnifer les Propriétaires, en
affurant les droits de leurs Créanciers ; demain c'eft une carriere
de pierre de taille, que le Pof-
feffeur veut enclore pour fe fouftraire au privilege des Entrepreneurs. Ici c'eft un Seigneur qui
prétend tirer un droit de fortage ;
ou bien une Communauté qui
répete un droit de pâture pour fes
beftiaux. Là un fond de main-
morte, dont il eft jufte de remplacer le revenu qu'elle perd. Ailleurs des bois à effarter pour la
fûreté des Voyageurs. Tantôt un
péage qui fe percevoit fur le chemin abandonné, & dont on re-
demande la continuation fur le
nouveau chemin : mille autres
queftions qui naiffent des diver-
fes efpeces produites par les évenemens, & qui demandent autant de décifions & de formalités.

soit pour l'ordre & pour la justice, soit pour la décharge des Payeurs. Je ne les propose pas cependant comme difficiles à résoudre ; mais je les donne pour longues à examiner, par la prolixité des requêtes des demandeurs, & par la multiplicité des pieces dont ils s'efforcent de les soutenir ; & je dis que le tems coule rapidement pendant qu'on travaille à les instruire, si l'on veut découvrir soi-même le nœud des difficultés, & en faire un rapport exact au Ministre.

Dans toutes les autres administrations des affaires d'Etat, telles que la guerre, la marine, &c. les objets sont plus réduits aux regles générales. Dans celle des Ponts & Chaussées, il faut, sans altérer le principe, en faire presque autant d'applications différentes, qu'il y a de cas différens ; & les erreurs de fait y sont

d'autant plus à craindre, qu'indépendamment de la perte qu'elles caufent à l'Etat, elles font
trop fouvent incorrigibles. Je
pourrois en ajouter plufieurs
exemples à celui du Pont de
Moulins, dont j'ai dit un mot
dans mon Avant-Propos ; je me
borne, pour abreger, à un Ouvrage fait de nos jours, & que
j'ai vu dans ma jeuneffe. Je le
cite d'autant plus volontiers, qu'il
eft mis au rang des beaux monu-
mens, par l'Auteur du Traité de
la Population (a) ; c'eft celui de la
montagne de Juvify, à trois lieues
de Paris. On y érigea, en 1724,
non - feulement fans néceffité,
mais contre toute raifon, une ar-
che de cinquante-deux pieds de
hauteur ; fes murs en aîle, pro-
longés à proportion, fe trouvant
trop foibles pour foutenir la pouffée du poids énorme des terres

(a) Premiere Partie, pag. 183.

C vj

dont ils font chargés , plierent &
s'entr'ouvrirent au bout de deux
ars ; & le feul remede que l'art
pût imaginer contre ce péril im-
minent de ruine , fut de foutenir
l'édifice par des arcs doubleaux
qui lui fervent tout-à-la-fois d'é-
tançons & d'étréfillons ; mais outre que cet expedient augmenta
confidérablement la dépenfe , déja prodigieufe , eu égard à fon
objet , il ne fit qu'empêcher le
dépériffement du principal ouvrage , en arrêtant le progrès du
mal , dont il ne pouvoit guérir la
caufe.

On ne peut donc trop louer
l'ufage qui fût introduit , dès le
tems de cette correction , de ne
jamais entreprendre aucuns travaux publics de quelque importance , fans en avoir auparavant
foumis les projets à plufieurs Savans de l'art , dont chacun faifoit fes obfervations en particu-

lier, & sans l'avoir ensuite exposé
à la critique de tous les Inspecteurs généraux assemblés. Cet
usage a passé en regle , & s'est
étendu à toutes les questions dignes d'un examen serieux. Les
Tréforiers de France , Commis-
faires du Conseil , les Inspecteurs
généraux , & les Ingénieurs en
chef des Provinces , qui se trouvent à Paris pendant l'hiver , s'af-
femblent une fois la semaine chez
le Commissaire général. Là les
plans & les devis sont mis en sa
presence sur le Bureau : chacun
y dit son avis sans jalousie & sans
partialité ; ou s'il arrivoit que
ces passions influassent sur le sentiment de quelqu'un , le Supérieur ne tarderoit pas à s'en appercevoir , & malheur à celui qui
auroit ainsi tenté de le surpren-
dre. Ces assemblées qui , loin d'a-
breger son travail particulier
avec chaque Inspecteur général

& chaque Ingénieur en chef,
l'augmentent & le multiplient,
n'en prennent pas moins quatre
féances entieres par mois, & ne
diminuent de rien fon travail
courant, commun à tous les détails des adminiftrations. C'eft
une correfpondance continuelle
avec vingt-quatre Intendans,
(car les Païs d'Etats fe régiffent
eux-mêmes), avec vingt-fix Ingénieurs en chef, fix Infpecteurs
généraux, pendant fix mois qu'ils
font en tournée ; avec tous les
Particuliers à qui il plaît de faire
des repréfentations par écrit ;
avec les Seigneurs, les amis, les
donneurs d'avis fecrets, à qui fouvent il faut répondre de fa main.
Ce font des audiences à donner
au public deùx fois la femaine.
C'eft un travail journalier avec les
Secretaires & le Chef du Bureau.
C'eft l'état des Caiffes à examiner, & la diftribution des fonds à

faire aux Entrepreneurs ; foin qui
exige une comparaifon exacte de
l'état actuel de chaque ouvrage,
fur les certificats des Ingénieurs :
c'eft enfin une méditation fuivie
fur la fituation générale de tous
les travaux, de laquelle réfulte
une application toujours active à
les faire marcher tous à la fois
d'un pas mefuré fur la force de
chaque entreprife, & fur les différens moyens qui concourent à
leur exécution.

J'efpere qu'après avoir réflechi
fur l'étendue des occupations
dont je viens de faire une defcription fuccincte, & qui n'eft
pas, à beaucoup près, furchar-
gée, aucun de mes lecteurs ne
trouvera que j'aie trop avancé,
quand j'ai dit que le détail des
Ponts & Chauffées pouvoit occuper tout entier un homme ordinaire ; fût-il même très inf-
truit & très laborieux ; mais il y

a cette difference entre un efprit
médiocre & un génie puiffant,
que le prémier multiplic fon travail par les aides qu'il fe procure, & qu'ils fervent au fecond
à l'abreger. L'Artifte commun
emploie indiftinctement fes ouvriers, & par-là s'affujettit à re-
toucher tout ce qu'ils font. L'Artifte rare, par un jufte difcernement de leurs talens, fait s'ap-
proprier tout ce qui fort de leurs
mains. Ses inftructions favantes
ont développé le germe des idées
que chacun de fes Eleves pouvoit
produire, & il leur a communiqué l'art de les multiplier & de
les étendre à force de les exercer.
C'eft ainfi que, remifes à des
hommes paîtris d'un limon plus
raffiné que celui des autres, les
matieres d'Etat les plus vaftes &
les plus compliquées, s'abregent
& fe fimplifient par l'analyfe qui
les réduit en extraits. Ce tableau

perdroit beaucoup de fon mérite, s'il étoit vrai que *tout va de foi-même dans les détails* (a) ; mais je fuis bien éloigné d'en convenir. Je penfe, au contraire, que fi on les livroit à leur propre penchant, ils tomberoient bientôt dans la confufion, & iroient où Panurge envoie les ames indignées de ces corps putrefaits, qui, de leur vivant, n'étoient *detteurs*, *ni prêteurs*.

CHAPITRE III.

Des Intendans des Provinces.

Nos Intendans repréfentent les *Miffi Dominici*, dont l'hiftoire fait remonter l'origine jufqu'au regne de Clovis II, fils de Dagobert ; mais qui ne furent habituellement employés que fous Charle-

(a) Traité de la Population, 2. part. p. 373.

magne & les Succeſſeurs de ſa
race. Je ne trouve dans cette
comparaiſon, que deux diſſem-
blances. L'une conſiſte en ce que
l'on n'avoit recours aux *Miſſi Dominici*, que dans les cas preſſans,
lorſque l'impunité avoit laiſſé
monter ſi haut les abus, qu'ils auroient pû ébranler le Gouvernement ſi l'on n'y avoit remedié;
au lieu que les Intendans ſont per-
pétuels, & inſtitués pour prévenir toute ſorte d'excès, en maintenant l'ordre. La ſeconde différence vient de ce que les anciens
délégués étoient tirés des trois
Ordres de l'Etat, *erant utriuſque
Ordinis proceres*; & qu'au contraire, cette place eſt depuis longtems, parmi nous, affectée à une
ſeule claſſe d'un ſeul ordre. Dans
tout le reſte, la parité ne ſauroit
être plus exacte : les anciens Députés.... *à Regibus in Provin-
cias cum ampliſſima poteſtate mit-*

tebantur ; les nôtres font également-ment départis par le Roi dans les Provinces, avec une autorité qui n'a d'autres bornes que fon Tribunal fouverain. Les fonctions des premiers avoient les mêmes objets que celles de nos Intendans de Juftice, Police & Finances. *Referebantur ad juftitiam, & difciplinam publicam, & ad vectigalium curam.* Ils avoient enfin à leurs ordres des Officiers inférieurs répandus en plufieurs diftricts... *Miffi minores difcurrentes.* Ces Subdélégués, comme ceux de nos Intendans, pourvoyoient aux cas ordinaires, & renvoyoient à leurs Supérieurs la décifion des difficultés qu'ils n'avoient pas l'autorité de réfoudre. *Et quidquid exinde quod commendamus per fe adimplere non poterint,* (dit Charles le Chauve, en parlant de ces Délégués inférieurs), *admiffos majores, per ipfum miffaticum conflitutos, referant ; ut cum il-lorum confilio , & auxilio im-pleant (a).*

L'hiſtoire fait un honneur in-fini à Auguſte , d'avoir commis des Magiſtrats provinciaux, qui lui rendoient compte de tout ce qui ſe paſſoit dans l'étendue de ſon vaſte Empire, & ſur les avis deſquels il prenoit ces juſtes me-ſures , qui , en conſervant la paix dans tout l'Univers, lui firent fer-mer le temple de Janus. Nos Hiſ-toriens n'ont pas moins regardé comme un trait du génie éclairé de Charlemagne, d'avoir mis en œuvre les mêmes moyens pour tenir les loix en vigueur, punir le crime, réprimer la licence, étouf-fer les diſſenſions , diſſiper les ca-bales, calmer les émotions. Par

(o) Je tire toutes ces citations d'un ſavant Traité, compoſé par F. de Roye , imprimé à Angers en 1672 , & intitulé : *De Miſſis Domi-nicis , eorum officio , & poteſtate.*

quelle fatalité un établiſſement ſi
ſage auroit-il perdu de ſon mérite en devenant plus régulier &
permanent, lorſqu'il eſt ſenſible
que nous lui devons la paix intérieure, qui, depuis plus d'un ſiecle, regne conſtamment dans cette Monarchie ? Peut-on concevoir rien de plus utile pour un
Etat, qu'une correſpondance vive & continuelle, par laquelle le
Prince eſt tous les jours informé
de ce qui ſe paſſe depuis le centre
juſqu'aux extrémités les plus reculées de ſon Royaume ? qu'une
Magiſtrature qui doit veiller ſur
toutes les autres ? qui, ſans rien
uſurper de l'autorité qu'exercent
les Cours ſupérieures ſur les Juges
inférieurs, tient ces derniers dans
la regle, & ne ſouffriroit pas que
les premiers s'en écartaſſent ſans
en informer le Souverain ? qui
contient les Officiers municipaux
dans le cercle de leurs devoirs, en

ne permettant pas qu'ils foulent
ou qu'ils furchargent les Communautés, foit par des emprunts
onéreux, foit par une mauvaife
difpofition de leurs revenus ? qui
eft fans ceffe occupée à redreffer
les torts, à pourfuivre les crimes,
à purger la fociété de ces membres honteux qui la deshonorent
en vivant de rapine comme des
Tartares, & qui font toujours er-
rans fans jamais vouloir fe fixer ; à
détruire la pareffeufe mendicité,
prefque auffi funefte que le vol de
vive force ; à procurer la fûreté
aux Voyageurs ; à maintenir l'u-
nion parmi les Citoyens ; à faire
naître l'abondance, en favorifant
l'agriculture & la population ; à
garantir les Peuples de l'oppref-
fion des Traitans ; à protéger les
foibles contre les forts ; à recla-
mer les graces du Roi pour des
Citoyens utiles ; à interceder pour
les Peuples affligés de calamités ;

à faire rentrer les revenus du fisc, sans lesquels le Souverain ne pourroit ni soutenir les charges de la République, ni repousser les attaques de l'ennemi ; à faire enfin fleurir le Commerce par la vivification des manufactures, par la réparation des chemins & la conservation du lit des rivieres ?

Cependant l'Auteur moderne que j'ai déja cité, & à qui je dois principalement l'idée de cet Ouvrage, semble avoir pris à tâche de décrier le ministere des Intendans. Il va jusqu'à leur donner des noms burlesques, en les traitant de *passe-partout* (a), *de Chrysologues*, *de Juges bottés*. Il voudroit, çe semble, qu'ils ne se mêlassent pas de la police, & qu'elle fût uniquement exercée par les Cours supérieures (b); lorsqu'ailleurs (c)

(a) Part. 11. de la page 109 à 114.
(b) *Ibid.* p. 110.
(c) *Ibid.* p. 127.

il met en principe : » Que jamais
» Gens de Juſtice ne furent pro-
» pres au gouvernement en grand.
Je doute que *la diſtinction des
êtres* ſauve ici la contradiction.
La politique a-t'elle de reſſort
plus puiſſant pour regner paiſiblement, que celui de la police ? Et
de tous les objets de l'adminiſtration, y en a-t'il un qui exige une
inſtruction plus ſommaire, une
exécution plus prompte, ni un
regard plus continuel & plus étendu ? Donc rien n'eſt moins du
reſſort d'une compagnie de Juges
aſſemblés, & tous occupés d'ailleurs du pénible & difficile ſoin
de rendre la juſtice contentieuſe;
& rien ne convient mieux à des
Magiſtrats créés *ad hoc*, qui ont
le pouvoir néceſſaire pour réprimer, & pour arrêter les abus à
leur ſource. Dites qu'ils ne doivent point en abuſer, en le pouſſant au-delà des loix vérifiées par

les

les Cours fupérieures , j'en demeurerai d'accord , & j'adopterai fans reftriction tout ce que vous recommandez fur les qualités néceffaires aux Intendans.

Je ne me fuis pas inutilement , ni même indifcrettement jetté dans cette digreffion , puifqu'elle a un rapport fi direct à la matiere pour laquelle j'écris , & qu'elle a formé un chef dans plufieurs remontrances des Cours fupérieures , même tout-à-l'heure dans l'enregiftrement de la Déclaration du 17 Avril dernier , qui fufpend divers privileges en ce qui concerne l'exécution de la taille. Je traiterai ailleurs cette queftion à fond , avec tout le refpect que je dois à la Magiftrature ; mais avec le zele & la vérité qu'un bon Citoyen doit à fa Patrie. En attendant , j'ofe mettre en fait qu'il faudroit renoncer à la réparation des Chemins , s'il étoit

D

néceſſaire d'en ſoumettre les
moyens à la délibération & à la
diligence des Juges ordinaïres,
comme du tems de François I;
au lieu que par le miniſtere ac-
tif des Commiſſaires départis, on
eſt ſûr d'y parvenir ſucceſſivement, non-ſeulement ſans fouler
les peuples; mais encore en ex-
tirpant de la Société l'herbe peſ-
tilentielle qui en ſuffoque le bon
grain, c'eſt-à-dire en détruiſant la
mendicité, objet ſi preſſant & ſi
digne de la vigilance du miniſtere, dont je ſuis convaincu que
nous ne tarderons pas à voir les
effets. Ce n'eſt donc point dans
l'Intendance elle-même que réſi-
deroient les inconvéniens que dé-
plore l'Auteur du Traité de la Population; il faudroit, s'ils exiſ-
toient, les attribuer à la médio-
crité des ſujets que la faveur auroit élevés à cette place impor-
tante. Le remede à ce mal eſt

facile, puifqu'il confifte dans le
choix, & peut-être, (je ne dis
pas dans le retour au principe de
l'ancienne conftitution, *utriufque
ordinis Proceres*) mais vraifemblablement dans l'admiffion de toutes les premieres claffes de l'ordre
judiciaire, fans autre acceptiou
que celle du mérite & de la vertu. Ce tems arrivera fans doute
lorfque nous y penferons le moins;
que fait-on s'il n'eft pas prochain?
Oui, j'efpere voir de mes yeux
écrafer les têtes innombrables de
l'hydre des privileges, qui femble
n'avoir été enfantée par les mal-
heurs de l'Etat, que pour les rendre incurables. Un foleil nouveau vient nous luire ; il arrive à
fon midi fur notre horifon, pour
diffiper tous les nuages, & nous
donner des jours fereins, à la
gloire du meilleur des Rois &
de la Nation la plus fidelle. Je
poufferois loin mes réflexions fur

ce fujet, fi je fuivois les mouvemens de mon patriotifme. Je me
contente de m'écrier, dans l'ex-
tafe où me jettent de fi heureux
commencemens, *tu quoque Col-
bertus eris.*

J'ai dit que la Carte fur laquelle le Miniftre étudie les Plans
& les correfpondances des Chemins, doit être tirée fur une échelle très courte ; j'ai fait entendre que le fou-Miniftre devoit en
avoir deux ; une très grande pour
la Généralité de Paris, qu'il conduit directement par lui-même ;
l'autre moins longue pour les Provinces qu'il ne régit qu'indirecte-
ment par les inftructions qu'il
donne aux Intendans, & par les
éclairciffemens qui réfultent de
leurs réponfes ; le tout indépendamment des Plans topographi-
ques de chaque route, & autres
chemins dont la réparation eft
ordonnée. Je vais maintenant

augmenter encore la feconde de
ces échelles , pour l'ufage des
Commiffaires députés, parcequ'il
faut l'allonger à mefure que le
terrein diminue & fe retrécit; &
que les objets demandent à être
développés. A plus forte raifon
doit-il auffi être aidé des Plans
particuliers des projets qu'il fait
exécuter. En un mot, un Intendant eft obligé de connoître non-
feulement les routes, & les grands
chemins qui traverfent fon Département ; mais encore leurs
naiffances, leurs progrès & leurs
aboutiffans. Il ne doit pas même
ignorer les communications par
lefquelles il peut donner un plus
grand débouchement aux denrées
& aux manufactures, en leur fa-
cilitant l'abord aux embarque-
mens & aux dépôts. Il doit s'inftruire jufqu'à la précifion, du
nombre des Habitans de chaque
Paroiffe; de leurs voitures , bêtes

de fomme & de trait ; en faire paffer les dénombremens par tant de contrôles & de vérifications que fes recherches ne puiffent être mifes en défaut , ni par la négligence , ni par la malice , & donner à cet effet des inftructions fi claires pour les dreffer , que les efprits les plus bornés puiffent les entendre. Les dénombremens font fi effentiels à l'objet que je traite , outre les autres fecours que la politique en peut tirer, qu'un Commiffaire départi n'en peut trop faire un de fes foins les plus affidus : mais par où y parviendra-t'il? & comment pourra-t'il exercer dans toutes les autres parties le vafte pouvoir qui lui eft confié , s'il n'eft fecondé par des Subdélégués intelligens & fideles? Le fuccès des ordres les plus importans dépend de la manutention de ces fous-ordres. Il n'en faut donc point choifir

dont la probité ne foit généralement reconnue, & qui n'ait affez de lumieres & d'équité pour
mériter l'approbation publique.
Ce choix eft facile à un Intendant, par les occafions fréquen-
tes qu'il a de mettre ces Officiers
aux épreuves. Il a dû, en paffant
par les Villes & par les Bourgs,
encourager les habitans foibles &
timides à fe plaindre, s'ils étoient
maltraités. Il a pû confulter des
perfonnes éclairées & non-fuf-
pectes. Je le répete, la conduite
d'un Subdélégué ne peut échapper aux perquifitions d'un Intendant qui veut férieufement en
être informé ; mais leur ufage le
plus commun eft de prendre ce
qui fe préfente, ou de conferver
ce qu'ils trouvent en place, fans
y regarder de trop près. Bientôt
ils fe laiffent prévenir par les plus
cauteleux, ordinairement hypocrites, qui favent s'emparer de

leur confiance, & alors l'évidence
même ne pourroit les frapper. Ils
traitent de calomnie tout ce qu'on
ose leur découvrir contre ces pro-
tégés. Ils vont jusqu'à craindre
de se livrer au doute & aux éclair-
cissemens , tandis que la hauteur
& l'avarice des indignes dépositaires de leur pouvoir, font des
ravages effroyables à la faveur de
l'impunité; qu'ils se comportent
en petits tyrans, vendent au plus
offrant la justice & les exemptions, font tourner à leur profit
les soulagemens accordés au peuple, & menacent d'écraser tout
ce qui oseroit s'opposer à leurs vio-
lences. Ce feu, qui dévore tout,
ne s'arrêtera point, si quelque
vexation énorme, ou quelque
crime atroce ne soulevent ce
peuple foulé, & ne forcent le
Magistrat à connoître enfin, pour
la premiere fois, l'infâme instrument de ses injustices.

Ce tableau, mis dans un autre jour, peut également repréfenter les Bureaux d'un Intendant, qui n'auroient pas été compofés avec la plus grande circonfpection. J'en ai vu dont le fouvenir fait horreur, qui facrifioient publiquement la matiere fur laquelle j'écris; qui percevoient, à titre de droit fur les adjudications, des rétributions indues; faifoient donner pour de l'argent, la préférence des entreprifes à des ouvriers également infideles & ignorans, & corrompoient par leur exemple les Coopérateurs du fervice, quand ils pouvoient les attirer. S'il y en avoit dont la probité leur réfiftât, ils ne tardoient pas à leur faire éprouver ce que peut le reffentiment d'une ame baffe; car celles qui font bien placées n'en ont point. Ces hommes integres encouroient la difgrace de l'Intendant, fauffe-

ment prévenu. On leur f fcitoit
des délateurs, on foutenoit con-
tr'eux la défobéiffance & la révol-
te des Entrepreneurs furpris en
flagrant délit. Tout manquoit
pour l'exécution des ordres fupé-
rieurs : les obftacles naiffoient des
caufes mêmes qui auroient dû les
détourner ; & la déprédation des
deniers étoit telle qu'ils fem-
bloient fondre dans les mains
des Ordonnateurs, fans qu'il en
reftât ni veftige, ni trace fur les
chemins.

Il eft très aifé à un Intendant
de fe mettre à couvert de tous
ces dangers. 1°. En donnant à
l'Ingénieur qui fert près de lui,
une confiance mefurée jufqu'à ce
qu'il le connoiffe parfaitement ;
mais entiere quand les épreuves
& la réputation cautionnent également fa probité. 2°. En fe tenant fi feverement à la regle fur
tout ce qu'il ordonne, qu'il trou-

ve ſa décharge dans les rapports de cet Ingénieur, toujours garant des faits qu'il atteſte, & ſur leſquels la déciſion ſe préſente d'elle-même à un Juge éclairé. 3º. En chargeant l'Ingénieur éprouvé de lui rendre un compte fidele de la conduite des Subdélégués. 4º. En apprenant par l'étude des Plans, des Devis & des détails, les premiers principes de l'architecture publique, & en les pouſſant auſſi loin que ſon talent le comportera. Il ne doit pas toutefois porter l'ambition de s'y rendre habile, juſqu'à vouloir diſſerter avec les Maîtres. Un Muſicien répondit en pareil cas au Pere d'Alexandre : *A Dieu ne plaiſe, Seigneur, que vous faſſiez ces choſes mieux que nous.* Mais il lui ſera glorieux de bien concevoir les effets du plan dont il s'agira, & ſur lequel le Gouvernement ne manquera pas de lui de-

mander fon avis. On y prendra
d'autant plus de confiance, qu'on
le faura plus intelligent. Si par un
defir de briller, commun à tous
les Artiftes, l'Ingénieur propo-
foit une conftruction périlleufe,
ou des ornemens déplacés, l'Intendant devroit, fans doute, le
faire remarquer au Commiffaire
général, & lui faire part non-feulement de fes propres réflexions
& de celles des connoiffeurs; mais
encore des obfervations du public, qui ne font jamais à mépri-
fer fur les affaires locales.

La manutention de l'ordre,
dans la recette & la dépenfe des
fonds deftinés aux travaux publics, eft encore un objet bien
effentiel de l'attention d'un Intendant. Il doit avoir en petit
l'arrangement qui regne dans
l'infpection de la Caiffe générale;
tenir lui même un regiftre, où il
portera régulierement en recette

les remises faites au Tréforier particulier, & en dépenfe toutes les fommes qu'il tire fur lui. Il doit fe faire repréfenter tous les mois le journal de caiffe ; le vifer & le collationner au fien ; n'admettre aucun paiement qui ne foit juftifié par des quittances comptables, & n'en jamais ordonner que fur les certificats de l'Ingénieur qui conduit l'ouvrage, & qui déclare ce qu'il y en a de fait. Il eft des cas où le prix des matériaux, rendus à pied d'œuvre, peuvent mériter des àcompte, quoique les atteliers ne foient pas encore établis. Il en eft où l'approvifionnement ne doit être confideré que comme un devoir & une avance néceffaire de l'Entrepreneur.

Enfin l'exactitude à faire exécuter les Ordonnances & les Reglemens, doit être regardée par ce Magiftrat comme une obligation étroite dont il ne peut jamais fe difpenfer. Les peines encourues par les Contrevenans, peuvent fans doute, & doivent même quelquefois être modérées; parcequ'il ne feroit pas jufte de traiter l'ignorance comme la méchanceté, ni la pauvreté comme la richeffe ; mais il n'eft permis qu'au Légiflateur de déroger à la loi, ou d'en changer les difpofitions. Les formes doivent auffi être inviolables, leur établiffement ayant eu pour objet de maintenir l'ordre, de prévenir la fraude, & de conferver à chacun fes fonctions & fes prérogatives. Il n'eft permis ni de les abolir, ni de les traiter arbitrairement comme un ufage de mode, dont le caprice difpofe à fon gré. Les rompre, déplacer ou anéantir les fonctions, eft exercer un defpotifme d'autant plus dangereux, que la perte de la fubordination

en eſt ſouvent la conſéquence,
& qu'elle tourne toujours au dé-
triment du ſervice.

Si à tous ces principes fonda-
mentaux, l'Intendant veut joindre une extrême application à
reconnoître par ſes yeux la topo-
graphie de ſa Généralité, la nature du terrein & le plan de chaque chemin, le cours de chaque
riviere, les cauſes de leurs débor-
demens, la ſituation des lieux qui
contiennent des carrieres célebres, le local des paſſages où il
ſeroit néceſſaire de conſtruire des
Ponts. S'il veut s'informer des
quottités des péages qu'on y per-
çoit, par la lecture des Pancar-
tes qui doivent y être attachées;
examiner à quelles charges ils
ſont ſujets, & ſavoir ſi elles ſont
exactement acquittées; s'en faire
rapporter les titres, en ſuſpendre
proviſionnellement l'effet s'il les
juge illégitimes, & dans ce cas

en faire prononcer la suppreſſion
par le Conſeil. S'il cherche à découvrir dans chaque Ville & dans
chaque Village, les hommes les
plus dignes de ſa confiance, pour
les charger de lui donner des avis
relatifs à l'exécution des travaux,
ou d'y exercer quelqu'emploi, il ſe
rendra auſſi célebre qu'utile dans
cette partie intereſſante, & l'honneur qu'il y acquerra, le dédom-
magera de ſes peines. Le bien
qu'on fait au public ne meurt jamais & porte toujours avec lui ſa
récompenſe, quand elle ne con-
ſiſteroit que dans la ſatisfaction
intérieure de l'avoir procurée;
avantage d'autant plus précieux
à l'homme de bien, qu'il eſt à
couvert des traits de l'envie.

CHAPITRE IV.

Des Tréforiers de France.

CES Officiers fortent d'une illuftre tige ; mais on peut les mettre à la tête des plantes qui ont le
plus dégénéré.

Il n'y eut d'abord qu'un feul
Tréforier général de France (a),
Chef-Ordonnateur des Finances
du Royaume, qui s'appelloit le
Grand Tréforier de France ; c'é-
toit l'un des quatre Offices de la
Couronne, formé du débris de la
Charge de Maire du Palais ; favoir, le Connétable, le Chance-
lier, le Grand - Tréforier, & le
Grand-Maître. Cet ordre fubfif-
ta jufqu'à Philippe de Valois, qui
érigea un fecond Tréforier géné-

(a) Loyfeau, Traité des Offices, liv. IV.
ch. II.

ral de France; Charles V, un troifieme; Charles VI, un quatrieme; & ce nombre de quatre ne
fut point augmenté jufqu'au regne de Henri II, qui en créa feize
tout-d'un-coup, en leur réuniffant les Offices des feize Généraux des Finances qui avoient été
formés auparavant. Ce nombre
de feize répondoit à celui des Receveurs généraux des Finances,
que François I avoit établis pour
les feize Provinces dont le Royaume étoit alors compofé ; enforte
que chacun d'eux eut pour Ordonnateur, un Tréforier de France, Général des Finances, titre
qui leur eft toujours demeuré. De-
là les Provinces ayant pris le nom
de Généralités, on créa par la
fuite, dans chacune, un Bureau,
c'eft-à-dire une compagnie complette de dix ou douze Tréforiers
de France, Généraux des Finances, & ce nombre s'eft fucceffi-

vement accru dans chaque Bureau, à mesure que les besoins de l'Etat ont forcé le Gouvernement de recourir à cette voie d'emprunt, également onéreuse à l'Etat & aux Titulaires.

Il n'est pas de mon sujet de pousser plus loin l'histoire de la décadence de ces Officiers. Il me suffira de dire que par l'institution d'un Surintendant & de plusieurs Intendans des Finances, faite par François I ; enfin par celle d'Intendant de Justice , Police & Finances dans toutes les Généralités ; d'Ordonnateurs de fonds qu'étoient les Tréforiers de France, ils sont devenus simples ordonnateurs de forme , très subordonnés dans toutes les parties dont la Jurisdiction leur est restée. Dès 1508, ils connoissoient de la Voirie , par un Edit du mois d'Octobre , qui la leur attribua. François I la leur ôta par l'Edit

de Cremieu du mois de Juin
1536. Il eſt certain qu'ils l'avoient
en 1609. Louis XIII la leur confirma par Edit du mois d'Avril
1627, après avoir réuni à leurs
Offices, au mois de Février 1626,
celui de Grand-Voyer de France,
qui avoit été créé au mois de Mai
1599 ; & depuis elle leur a été
conſtamment réſervée, mais en
premiere inſtance, reſſortiſſante
aux Parlemens : enſorte que jouiſ-
ſant, principalement à Paris, de
tous les Privileges des Cours ſupérieures, non-ſeulement il n'eſt
pas reconnu qu'ils en aient le Tribunal; mais ils ſont toujours traités, dans les Edits burſaux, comme ne l'ayant pas. Je traiterai ailleurs cette queſtion. D'un autre
côté, par la réunion de la charge
de Grand-Voyer, & par leur inſtitution primitive en corps d'Officiers, ils avoient le droit d'ordonner les ouvrages neufs &

d'entretien, tant du Pavé de Paris, que des Ponts & Chauffées, & d'en faire payer les adjudications fur leurs mandemens. Ce pouvoir a été reftraint, ainfi que les autres, à la feule formalité, avec cette difference que fur les contestations qui s'élevent entre particuliers, à l'occafion des ouvrages ordonnés par le Roi, leurs Ordonnances reffortiffent nuement au Confeil. Sa Majefté a bien voulu encore, pour les confoler en quelque façon d'avoir été dépouillés de leurs plus grandes prérogatives, commettre des Députés de leur Corps, qui peuvent être regardés comme des fimulacres de leur ancienne autorité, tant ppour l'imofition des Tailles, & pour l'infpection du Domaine royal, que pour la direction des Chemins. Leur Compagnie jouit auffi; mais à Paris uniquement, de l'attribution d'adjuger les ouvrages, à moins qu'il ne plaise au Gouvernement de les faire adjuger au Conseil.

Ainsi dans la Généralité de Paris, il y a un Tréforier de France, Commissaire du Conseil pour la direction du Pavé de Paris, & quatre pour l'inspection des Ponts & Chaussées. L'établissement de ces derniers ne tire sa date que du tems de la Régence. Le Roi s'en rapportoit auparavant à la Compagnie, qui députoit elle-même quatre Officiers du semestre pour aller visiter les travaux. C'étoit alors une véritable corvée pour eux, parceque les atteliers, quelque peu qu'il y en eut, étant épars & fort éloignés de la réfidence, il leur en auroit trop coûté, si leur visite eut été réguliere. Il falloit donc, ou que cette inspection fût très négligée, ou qu'elle se fît aux dépens de ceux qui en étoient chargés, à quoi le

Gouvernement trouva juſte de pourvoir. Aujourd'hui les nouveaux Commiſſaires font régulierement leur tournée tous les ans, ſuivis de l'Ingénieur de leur Département, pour projetter les ouvrages à faire, & pour recevoir ceux qui ſont faits. Ils exercent la Police ſur les chemins; ils écoutent les plaintes que les Particuliers veulent leur porter, ſoit contre d'autres Particuliers, ſoit contre les Officiers & les Ouvriers des Ponts & Chauſſées. Ils reçoivent les repreſentations qu'on veut leur faire, & rendent compte du tout au Commiſſaire Général.

A l'égard des autres Généralités, il n'y a dans chacune, comme je l'ai déja dit, qu'un Treſorier de France Commiſſaire du Roi, qui doit proceder conjointement avec l'Intendant, à l'impoſition de la Taille, & à l'adjudication des ouvrages ordon-

nés, tant pour le Domaine, que
pour la réparation des chemins;
mais ils affiftent fi rarement à
celles-ci, qu'à peine en pourroit-
on citer des exemples. C'eft grand
dommage qu'une fi bonne inftitution demeure fans fruit, & que
des Officiers dont on pourroit tirer de grands fervices, moifif-
fent dans l'oifiveté, jouiffant de
leur état, comme d'une Cure à
portion congrue, fans charge d'a-
mes. L'ami des hommes regarde
bien fenfément ceux qui ne font
rien, comme des chenilles qui
rongent l'Etat. Il eft vrai que
l'herbe eft très courte pour celles-ci.

Il feroit honteux à un Tréforier de France d'ignorer les réglemens, qui conftituent fa jurifdiction, & fur lefquels il a tous
les jours à délibérer. Auffi ne doit-
on préfumer cette ignorance dans
aucun; mais il eft à fouhaiter
qu'ils

qu'ils apprennent tous la valeur des termes de l'art, pour en faire de juftes applications; qu'ils entendent clairement les conditions d'un Devis, pour juger fi elles font exactement remplies; car enfin fi le rapport de l'Expert met abfolument les Commiffaires à couvert du reproche d'un Supérieur, il ne peut les tranquillifer fur celui que leur honneur & leur confcience devroient leur faire, fi par ignorance ils avoient lâchement déféré à un avis injufte.

E

CHAPITRE V.

Du premier Ingénieur ; des Inf-
pecteurs généraux , Ingénieurs
en chef , Sous-Infpecteurs , &
Sous-Ingénieurs des Ponts &
Chauffées ,

AVANT le miniftere de M. Defmaretz , le Public ignoroit , je
crois , que les Ponts & Chauffées
formaffent le département d'une
matiere d'Etat, On entretenoit à
la vérité une efpece d'Ingénieur
dans la Généralité de Paris , &
cette Place étoit confiée à un Religieux frere laïc, qui , de fa cel-
lule, donnoit les receptions d'œuvre fur les périlleux certificats des
Curés de Campagne de fa connoiffance. M. Defmaretz fit commettre , en 1710, onze Architectes , fous le titre d'Infpecteurs des

Ponts & Chauſſées du Royaume,
qui avoient effectivement le droit
d'inſtrumenter dans toute ſon
étendue , & vingt-deux Ingénieurs, conformément au nombre des Généralités. Par-là chaque Inſpecteur devoit , tous les
ans, viſiter deux Provinces ; mais
cet arrangement péchoit eſſen-
tiellement en deux points : l'un ,
par l'inſuffiſance commune des
appointemens & frais de voyage
qu'il fixoit , tant aux Inſpecteurs,
qu'aux Ingénieurs ; l'autre, par
l'égalité du ſalaire des premiers.
Etoit-il juſte , en effet , que l'Inſpecteur , à qui le ſort ou le choix
avoit départi les Provinces méri-
dionales , ne fût pas payé ſur un
pied plus haut , que celui à qui la
Picardie & le Soiſſonnois étoient
échus ? auſſi leurs courſes ne fu-
rent-elles jamais longues. Cet
établiſſement ſupprimé en 1716,
fut réduit en 1721 , à celui d'un

E ij

Infpecteur général , un premier Ingénieur , & trois Infpecteurs des Ponts & Chauffées de France , avec un Ingénieur en chef dans chaque Généralité. Ces deux premiers Officiers étoient comme le Confeil de la Direction. La Généralité de Paris fut départie aux trois autres , & on leur en adjoignit un quatrieme en 1722 , par la fuppreffion qui fut ordonnée de l'Ingénieur particulier de cette Généralité.

L'adminiftration actuelle a refondu & infiniment étendu ces établiffemens , en réuniffant la place d'Infpecteur général à celle de premier Ingénieur , & en donnant le titre de Généraux à cinq Infpecteurs , dont j'ai eu occafion de parler dans les Chapitres précédens , & auxquels elle a réparti l'infpection de tous les chemins du Royaume. Chacun d'eux parcourt tous les ans le nombre de

Provinces qui lui font échues par
le partage. Je ferai obligé de répéter ici plufieurs circonftances
que j'ai déja touchées ; mais il
en réfultera plus de clarté.

Les projets des Ponts du premier ordre, font dévolus au premier Ingénieur. Ceux de la feconde claffe, aux Infpecteurs généraux ; & ceux de la troifieme,
aux Ingénieurs des Provinces ; ce
qui eft reglé par le prix des Ouvrages.

Il y a un Ingénieur en chef
dans chaque Généralité ; quelquefois deux & plus, quand elles
font trop vaftes, comme Paris &
Grenoble.

Chaque Ingénieur eft aidé par
plufieurs Sous-Infpecteurs deftinés à remplir les places de Chef,
qui viennent à vaquer. On leur
donne même quelquefois le titre
d'Ingénieur, quoiqu'ils n'aient
pas encore de Département ; mais

ces cas font rares, & n'arrivent
qu'en faveur de quelques Sujets
diftingués par leur mérite & par
l'ancienneté de leurs fervices.

Outre les Sous Infpecteurs, on
emploie dans chaque Département autant de Sous-Ingénieurs,
que le nombre & l'étendue des
atteliers en demande : & enfin des
Eleves, qui, après avoir fait preuve de capacité fur la théorie, font
envoyés fur les travaux pour s'inftruire dans la pratique.

Chacune de ces claffes, en
commençant par la derniere, eft
immédiatement fubordonnée à
celle qui la précede. L'Ingénieur
en chef les commande fuivant
leur rang, en l'abfence de l'Infpecteur général. Dès que celui-ci
paroit, il donne les ordres : ce
qui eft conforme à la difcipline
militaire ; avec cette différence,
que le commandement dans celle
des Ponts & Chauffées, n'influe

abfolument que fur le fervice, &
ne peut nuire ni à l'honneur, ni
à l'avancement des fujets Le Tribunal où on les juge, eft ouvert à
tous, & fi un Ingénieur en chef,
ayant pris en haine un Sous-Infpecteur, vouloit l'opprimer, il
hâteroit peut-être fa fortune :
tout au moins on entendroit le
fubalterne, & fi fon ennemi avoit
tort, on en feroit raifon à l'offenfé ; tant on eft imbu, dans ce
Département, de la maxime équitable, qui veut que la répartition
de l'autorité ne multiplie pas le
trifte pouvoir d'humilier les hommes, ou de leur faire d'autres
maux.

Je fuis réellement fâché que
l'Ami des hommes ait donné lieu
de penfer qu'il en établiroit de
toutes oppofées, s'il en étoit le
maître. » Un Gouvernement,
» dit-il (a), auffi augufte que le

(a) III. Partie, page 169.

E iv

» nôtre, n'a befoin de tenir notes
» que des Chefs «. Mais je lui demande d'abord , ce que fait , au
choix des Chefs , la majefté du
Gouvernement, par lequel on ne
peut entendre , à l'égard de la
Monarchie , que le Roi? C'eft fa
fageffe , & non fa dignité, qui lui
dicte ce choix. Heureux quand
il peut en faire un feul qui lui ré-
ponde de la bonté de tous les autres. Ce Chef eft, à fon égard, le
premier fous ordre de fon Gouvernement, & l'Ordonnateur de
tous les fous-ordres inférieurs qui,
à leur tour, font chefs d'autres
fous-ordres ; & cette dégradation
continue jufqu'à la derniere claffe
des fujets , dont l'unique partage
eft l'obéiffance ; mais dont la confervation eft d'autant plus chere
au Souverain , que c'eft véritablement elle feule qui agit dans tous
les ordres de la Monarchie.

Suppofons donc que ce pre-

mier Chef *ne tienne notes* que des
seconds; les seconds des troisie-
mes, & ainsi de suite : certainement l'arrangement sera le meilleur que l'esprit humain puisse
concevoir, pourvu qu'il se sou-
tienne jusqu'au dernier grade;
mais s'il s'arrête à l'un des points
intermédiaires , & » qu'il s'en
» rapporte à lui des détails , *du*
» *soin de choisir les sujets , & de*
» *celui de les employer* «, je dis
que tout est perdu; parceque les
sous-ordres inférieurs, n'ayant plus
d'autorité sur leurs subalternes ,
seront hors d'état de les contenir,
& qu'ils deviendront eux-mêmes
les victimes de toutes les passions
du Chef, qui disposera des détails. Non , répondra l'Ami des
hommes , puisque ce Chef doit
rendre compte à celui auquel il est
subordonné ; mais je repliquerai
que dans la plûpart des Etats cette
subordination est fixée au grade,

E v

& ne s'étend point aux détails ;
outre qu'il réfulte de l'hypothefe,
que le Supérieur du Chef chargé
de ces détails, ne doit point s'en
faire rendre compte, ni écouter
les plaintes des inférieurs, ce qui
me paroît une maxime de la plus
haute injuftice, & de la plus grande cruauté. Je ne conclus pas
pour cela du principe contraire,
qu'il faille autorifer » les Subal-
» ternes (a) à correfpondre habi-
» tuellement avec la Cour «. Mais
je dis qu'ils doivent avoir un ac-
cès libre & fûr au Tribunal du Supérieur immédiat de celui qui
leur a fait injure, & que s'ils n'y
font pas écoutés, ils ont droit
de remonter de degré en degré,
jufqu'au premier Chef, dépofi-
taire de l'autorité royale. J'ajoute
que ce premier Chef ne peut *te-*
nir notes de ces fous-ordres, qu'autant qu'il entrera dans quelques

(a) *Ibid.* p. 168.

détails relatifs à son rang & à leurs fonctions. Par où, sans cette précaution, le Cardinal de Richelieu auroit-il découvert, & rompu tant de trames ? M. de Sully réprimé tant d'abus ? M. de Louvois formé de si grands Généraux ? & M. Colbert tant de Savans dans tous les genres ? Sans cette sage correspondance, bien differente de l'espionnage ; sans ce *Regiftre fybillin*, qui, selon moi, ne doit contenir que des vertus & de belles actions, & qui ne doit être tenu que par des hommes du premier ordre dans leur genre ; tout le génie des Ministres que je viens de citer, n'auroit fait que blanchir contre l'hypocrisie, l'ambition & l'avarice de tant de chefs & de sous-chefs, qui ne cherchent qu'à s'avancer & à s'enrichir aux dépens du commun.

Les suites du *mitte sapientem*,

font deftructives de toute hiérar-
chie , quand ce confeil , mille fois
plus facile à donner qu'à fuivre,
laiffe la porte ouverte à l'injuftice,
& autorife l'impunité de celui qui
la commet. Il me rappelle le bon
mot d'un Miniftre de nos jours,
qui , très verfé dans la dialecti-
que , difoit qu'en matiere de Gouvernement , prefque tout le monde favoit faire des majeures : pour
des mineures , ajoutoit-il , rien
n'eft fi rare. Je ne doute pas que
fi l'Ami des hommes avoit été informé de cette remarque , il n'en
eût profité en faifant à fon pré-
cepte un leger changement. Il auroit écrit : *Pone fapientem qui pa-*
rem mittat. Alors la conféquence
du bon choix auroit découlé de
fon principe , & auroit conduit
tout naturellement l'Auteur à fa
conclufion , qui eft que , *par pa-*
rem quærit. Ceci , au furplus , eft
une differtation que je foumets

à son jugement, & non une vaine digression, ni un écart de mon sujet, puisque la solidité des maximes que j'ai préconisées, se justifient par la rectitude du choix que le Gouvernement a fait du Sage qui la démontre, en ne remettant à ses sous-ordres que la portion d'autorité dont ils ont besoin pour faire remplir les devoirs, & non celle qui pourroit nuire aux personnes.

Le premier Ingénieur & les Inspecteurs généraux résident à Paris, pour être toujours à portée de recevoir les ordres de ce Magistrat, à moins qu'ils ne soient en tournée. Ils s'assemblent, je l'ai déja dit, une fois la semaine, chez lui, avec les Commissaires du Bureau des Finances, les Tresoriers Généraux, & autres Officiers du Département. Là, chacun rend compte des ordres qu'il a reçus la semaine précédente, &

en reçoit de nouveaux. S'il y a
des repréfentations à faire, des
doutes à lever, des difficultés à
expliquer, on les expedie.

On examine enfuite les grands
projets, qui ont déja fubi l'examen préparatoire, foit du premier Ingénieur, foit des Infpecteurs généraux. Chacun eft invité
à dire fon avis, fans diffimula-
tion, & ils s'y portent tous avec
zele pour l'honneur de leur profeffion, & par amour pour le Bien
public. S'il y a partage dans les
avis, on écrit de part & d'autre:
les objeċtions & les réponfes font
difcutées à loifir, & quand tous
les doutes font applanis, le projet eft approuvé avec les reftric-
tions & modifications qu'on a jugé à propos d'y mettre. Si, après
tant de précautions, il furvient
aux ouvrages quelqu'un de ces
accidens enfantés par une belle
émulation ; c'eft que la pru-

dence humaine ne peut tout prévoir, ou qu'elle eſt ſouvent trom-
pée dans l'exécution de ſes ordres, par les miſeres de l'humanité. Eſt-il, dans la plus ſage politique, une partie à laquelle cet
évenement ne ſoit pas commun ?

Pour être élevé au grade de premier Ingénieur, ou d'Inſpecteur
général, il faut avoir une réputation parfaitement établie ſur
une longue expérience, & ſur des
preuves conſtantes de capacité &
d'intégrité. Quelque probleme
qu'on propoſe ſur la conſtruction, un Inſpecteur général doit
le réſoudre ſur le champ, par les
principes de l'art, & par les dif-
ferentes applications qu'il en a
faites.

Ils ſont, pour la plûpart, également verſés dans l'architecture
civile, dont les deux regles ſont
communes aux deux genres ; mais
dont le goût, ni les diſtributions

ne se ressemblent pas ; & il est à
souhaiter, pour le bien public,
que les Ingenieurs des Ponts &
Chaussées ne négligent point
celle-ci. L'illustre Magistrat qui
les gouverne, est plus pénétré que
personne de cette vérité ; aussi a-
t'il considéré comme un objet digne de sa prévoyance, d'attacher
à l'Ecole qu'il entretient, les plus
savans Maîtres en architecture
civile. Ils y forment les Eleves
par leurs préceptes & par l'étude
des grands modeles qu'ils leur
donnent à imiter. On est quelquefois surpris jusqu'à l'admiration,
de voir sortir du génie des ap-
prentifs, des idées qui feroient
honneur aux Architectes les plus
célebres. Eh ! quelle gloire ne re-
viendra-t'il pas à la Nation, d'a-
voir, dans toutes les parties d'un
Royaume si étendu, des hommes
propres à élever, tout-à-la-fois,
des Ponts, des Digues & des Ac-

queducs ; des Temples, des Palais, des Places publiques, des Fontaines, & tous les autres Edifices capables d'exciter le respect des Etrangers, en faisant admirer la puissance & la sagesse du Monarque qui protege si hautement les Sciences & les Arts. Personne n'ignore à quel degré de gloire ce genre de magnificence a élevé les Romains.

Lorsqu'un Inspecteur général se met en tournée, il donne rendez-vous à l'Ingenieur en chef, dont le département se trouve le premier sur sa route. Ils le parcourent ensemble, & il fait ses observations à cet Ingenieur, sur l'état où il trouve les anciens & les nouveaux Ouvrages. S'il y découvre des défauts, il en indique la correction.

Il seroit, je crois, difficile d'imaginer un établissement plus utile dans son genre, ni une ad-

miniftration plus fage , plus éclairée & plus méthodique. Tout ce
qu'on en pourroit craindre , ce
feroit qu'à force de la perfectionner , on ne la rendît trop chere
par la multiplication des fous-
ordres. L'amour du commandement fe gliffe avec tant de facilité
dans le cœur humain , qu'il ne
feroit pas furprenant que les Ingenieurs en chef fuffent trop dociles à cette voix flatteufe , en de-
mandant plus de Sous - Infpecteurs & de Sous-Ingenieurs que
le fervice n'en exigeroit , s'ils vouloient travailler eux-mêmes , &
moins fe répandre dans le monde.

Ces réflexions ne peuvent avoir
échappé à un génie auffi perçant
que celui qui prefide au détail;
mais il ne fauroit voir que dans
la fpeculation du cabinet , à laquelle il eft fi facile d'en impofer ; au lieu que j'ai fouvent reconnu , de mes propres yeux , la

vérité de ce que j'annonce, furtout depuis que le luxe a rendu le
plaifir fi cher & fi dangereux. Jamais la regle du *ne quid nimis*,
n'eut une plus jufte application
qu'au fujet qui a excité mon in-
nocente cenfure. Je dis très inno-
cente , parcequ'elle ne regarde
perfonne en particulier.

CHAPITRE VI.

*Des Tréforiers généraux & parti-
culiers des Ponts & Chauffées.*

IL y a deux Treforiers généraux des Ponts & Chauffées, qui
refident à Paris , & un Trefo-
rier particulier dans chaque Généralité. Je n'entrerai pas dans un
long détail au fujet de ces Comptables. Il me fuffira de dire qu'ils
ont éprouvé, comme tous les autres , en divers tems , différentes

suppreffions & révocations. Que
la finance des uns & des autres
étoit peu confidérable à leur origine, parceque le fond de leur
recette étoit fort modique. Qu'en
1713, les premiers furent mis fur
un plus haut ton, & qu'enfin
leurs Charges font parvenues au
niveau des plus confiderables. Celles des Treforiers Provinciaux
ont aufli acquis un accroiffement
proportionnel par les fupplémens
de finance qu'on leur a fait payer
en 1743 & en 1758, au moyen
de quoi les unes & les autres
peuvent répondre de leur ma-
niement.

CHAPITRE VII.

Pavé de Paris.

J'AI obſervé, en parlant des Treſoriers de France, (Chap. IV) qu'ils dirigeoient anciennement ſeuls le Pavé de Paris. Ils ſe ſervoient alors pour l'indication, la conduite & la reception des Ouvrages, d'un Expert en titre d'Office fort ancien, attaché au corps de la Maçonnerie, nommé *Maître des Oeuvres*. Il y eut enſuite des Contrôleurs du Barrage créés par Edit du mois de Mars 1636, auxquels, outre les fonctions de contrôler les Quittances du Tréſorier, on avoit impoſé la Charge de veiller à l'entretien des Rues, de viſiter les Pavés neufs, & d'aſſiſter à la reception des Ouvrages; tant fut grande dans tous

les siecles l'avidité des Traitans,
qu'après avoir mis à prix d'argent
la science des loix, & la distribution de la justice, elle a fait entrer
les Arts dans les tarifs de la véna-
lité, comme si l'on pouvoit ache-
ter les talens. M. Colbert avoit
trop de génie, pour ne pas sentir
à quels abus un pareil desordre
tendoit : il fit révoquer tous ces
Offices par Edit du mois d'Août
1669, & commit un Architecte
pour l'indication & la conduite
des Ouvrages de Pavé. Il y a même toute apparence qu'il ne trouva pas que la Police y fût maintenue de la part des Tresoriers de
France avec une attention digne de leur état, puisque sur le
rapport qu'il en fit au Roi, Sa
Majesté s'en expliqua dans des
termes qui autorisent cette opinion, par deux Arrêts qu'elle ren-
dit en son Conseil les . . . . .
. . . .

elle commit, par le dernier, l'un des Treforiers de France, pour avoir, fous les ordres de ce Miniftre & les inftructions d'un Intendant des Finances, la direction générale du Pavé. Cette nouvelle forme la mit fur un meilleur ton ; mais elle déchut encore en 1695, par le rétabliffement des Contrôleurs ; & on l'attaqua plus vivement en 1708, par la création d'un Infpecteur en titre d'Office, auquel on attribua dans cette partie toutes les fonctions de l'Architecte, fans exiger que le Titulaire fût de la profeffion. La faveur qui enfanta ce petit monftre de finance, le défigura par des traits encore plus marqués, en lui conférant le droit de procéder à fon infpection, *conjointement* avec le Commiffaire, & celui d'*avoir féance* dans l'Affemblée des Treforiers de France, au Bureau qu'ils tenoient

chaque femaine, pour les affaires
du Pavé. On ne penfe pas que
l'ordre judiciaire ait jamais été
violé plus indignement , & l'on
ne conçoit point que cette Compagnie n'ait pas fait dans le tems
les plus vives repréfentations contre une injure fi marquée , qui ne
pouvoit être que le fruit de la furprife ; ou que fi elle en fit , elles
n'aient pas été favorablement
écoutées. Je ferois cependant fâché qu'on pût m'accufer de vouloir moi-même , par cette réflexion , témoigner du mépris aux
Experts, & principalement à ceux
qui font commis par le Roi ; mais
ils ne doivent point s'offenfer fi
je foutiens la fubordination que
les loix ont mife entr'eux & les
Magiftrats , ni qu'en admettant
qu'un Juge peut être ami d'un
Expert qui procede fous fes ordres , je prétende que l'ordre feroit bleffé , s'ils étoient peres &
compagnons.

compagnons. Les chofes étoient néanmoins encore en cet état, en 1727, lorfque l'arrangement & la réformation générale du Département furent entrepris ; & l'on n'y regarda pas comme un des moindres objets de cette réforme, la néceffité de corriger un abus qui troubloit l'ordre, & préjudicioit fenfiblement au fervice. L'Infpecteur & les quatre Contrôleurs du Pavé de Paris furent fupprimés par Edit du . . . . A leur place on fit commettre un Ingénieur en chef, à l'inftar des Infpecteurs généraux des Ponts & Chauffées, & on établit fous lui quatre Sous-Infpecteurs de l'art pour vifiter fans ceffe le Pavé de Paris, divifé en quatre quartiers, avec les Banlieues qui en dépendent. Ils veillent en même-tems fur les contraventions, & font tenus d'en dreffer leurs rapports pour les remettre

F

au Commiſſaire. Cet Officier donne pareillement, ſur les rapports
de l'Inſpecteur, l'alignement des
maiſons & murs de clôture qui
aboutiſſent, ou qui ont leur face
ſur les grands Chemins de la Banlieue : mais ſes fonctions ne s'é-
tendent pas aux maiſons de la
Ville, ni à celles des Fauxbourgs
de Paris. Ces derniers alignemens
ſont réſervés au Bureau des Finances.

. C'eſt ici le lieu de dire que par
Edit du mois de Mars 1693, portant union de la Chambre du
Treſor au Bureau des Finances,
le Roi créa quatre Commiſſaires
de la grande & petite Voirie,
pour ſa Capitale. Par la grande
Voirie, on entend les alignemens des maiſons pour leſquels
ces Commiſſaires ſervent d'Experts. La petite Voirie conſiſte
dans l'exécution des Reglemens
rendus en divers tems, pour em-

pêcher les particuliers d'anticiper fans permiffion fur la voie publique, par des bornes, feuils, ou
autres corps faifant faillie ; &
pour prévenir les accidens qui
pourroient arriver, fi chaque Propriétaire avoit la liberté d'y élever à fon gré des balcons, auvens,
enfeignes, &c. La jurifdiction &
la police de l'une & de l'autre de
ces Voiries appartiennent auffi aux
Treforiers de France ; & quoiqu'elles foient diftinctes de l'adminiftration du Pavé, j'en parlerai relativement à la largeur des
rues, qui dépend de l'alignement
des maifons, & intéreffe par conféquent la fureté & la commodité des Habitans, de même que
la facilité du commerce. Si depuis
un fiecle il a paru au Gouvernement qu'il fût effentiel de commettre un Tréforier de France
permanent, pour la direction générale du Pavé de Paris, com-

bien n'étoit-il pas plus eſſentiel
d'en établir un, pour donner les
alignemens des maiſons ſur les
rapports d'un habile Architecte,
uniquement attaché à cet emploi?
Ne devoit-on pas prévoir qu'en
laiſſant cette direction à des Commiſſaires que le Bureau des Finances nommeroit à tour de rôle,
ils ne feroient pas tous également
exacts & intelligens, & que les
mêmes cauſes auxquelles on im-
putoit le dépériſſement du Pavé
de Paris, n'influeroient que trop
ſur les alignemens dont la conduite eſt tout autrement difficile,
& porteroient enfin des coups
mortels à la décoration de cette
Capitale, objet ſi précieux au
Gouvernement. L'expérience a
fait voir plus d'une fois que cette
prévoyance eût été ſage ; mais on
a plus fait que d'y manquer. Il
ſemble qu'on ait travaillé à mettre des obſtacles au redreſſement

des rues, en multipliant les infpections qui doivent y veiller,
& en les remettant à des autorités indépendantes. Je traiterai
cet article à fond, dans la troifieme Partie de cet Effai. Je reviens au Pavé.

Pour la dépenfe des ouvrages
de ce Département, il y a un
Tréforier général dont la recette
eft affignée fur le produit du barrage, & dont l'exercice eft en
tout pareil à celui des Treforiers
généraux des Ponts & Chauffées,
fi ce n'eft qu'il n'y a qu'un feul
Titulaire.

CHAPITRE VIII.

Turcies & Levées.

IL y auroit de quoi faire un volume de ce Chapitre feul, fi l'on vouloit en traiter à fond la Partie hiftorique, dont quelques traditions populaires font remonter l'origine jufqu'aux Romains. Mais fans chercher à pénétrer dans une antiquité fi reculée, il fuffira de dire que dès le regne de Charlemagne, l'entretien & la conftruction des Turcies & Levées occupoit le Gouvernement, comme un des principaux objets de la Police œconomique; d'où l'on doit préfumer que cet ouvrage immenfe étoit déja très ancien, puifqu'il faifoit partie de ceux qui étoient foumis à la loi commune, tels que les Ponts

& les Chemins. *De aggeribus juxta Ligerim faciendis , ut bonus Missus eidem operi præponatur ,* dit cet Empereur dans ses Capitulaires , *lib.* 4. *cap.* 10. Aussi voyons-nous que nos Rois de la troisieme race donnerent une attention suivie aux Digues célebres dont il s'agit , à mesure qu'ils reprirent leur autorité usurpée , & qu'ils rétablirent l'ordre , en proportion des lumieres que chaque siecle acqueroit.

François I les mit sous l'inspection directe d'un Officier, qu'il créa tout exprès, avec le titre d'*Intendant des Turcies & Levées,* qui subsiste encore aujourd'hui, sans aucun changement ; mais il faut convenir qu'en instituant cette Charge pour de bonnes fins, on oublia d'en assujettir le Titulaire à l'acquisition des talens dont il auroit besoin, & qui seroient d'autant plus utiles, qu'il

y a peu de matieres dans l'adminiſtration intérieure de l'Etat,
plus dignes d'une attention ſé-
rieuſe par l'importance & la dif-
ficu!té de la manutention.

Dans l'ordre général que M.
Colbert entreprit de rétablir, ce
grand Miniſtre ne négligea pas
un objet ſi précieux. Il réforma
les abus de l'ancienne Régie, &
procura pluſieurs Réglemens qui
la rendirent plus exacte & plus
réguliere. Juſqu'à lui les Intendans des Turcies & Levées, ac-
compagnés de deux Contrôleurs
en titre d'Office , & auſſi dépour-
vus que lui des connoiſſances de
l'art, indiquoient & adjugeoient
les Ouvrages. Les Officiers des
Elections aſſiſtoient aux adjudications dont ils gardoient les mi-
nutes , & percevoient des droits
conſidérables ſur les Adjudicataires. Enfin les Receveurs des
Tailles , qui remettoient directe-

ment aux Tréforiers les fonds
impofés pour les travaux , ne s'en
deffaififfoient qu'à la derniere ex-
trémité. M. Colbert fit commettre un Ingénieur pour dreffer les
Devis , & en fuivre l'exécution.
Il regla & diminua confidérablement les droits des Elus , &
fit rentrer à tems les fonds deftinés à la dépenfe , enforte que
les Adjudicataires furent payés
aux termes de leurs Baux. Après
lui cet ordre fe foutint en apparence ; mais des abus plus confidérables fubfifterent & s'accru-
rent par la malverfation & par
l'ignorance. Les ouvrages étoient
auffi mauvais & auffi chers que
mal ordonnés. L'autorité des Intendans, trop grande fur cette
partie , puifqu'elle alloit jufqu'à
intervertir la deftination des
fonds , & à l'appliquer à des ufages particuliers , étoit en même-
tems , comme elle l'eft encore ,

F v

trop bornée fur la police, & par conféquent trop méprifée pour être d'aucune utilité. Je ne crois pas que cette Régie, malgré les corrections qu'on y a faites, depuis trente ans, foit encore fans défaut. Je propoferai refpectueufement dans la fuite les changemens dont je penfe qu'elle pourroit tenir fon falut.

Dans fon état actuel, il y a deux corps d'offices d'Intendans réunis fur la tête d'un feul Titulaire. Son exercice s'étend par conféquent fur tout le cours de la Loire, de l'Allier & du Cher.

Deux Contrôleurs auffi en titre, qui affiftent à la vifite des ouvrages & aux adjudications que fait l'Intendant.

Un premier Ingénieur qui préfide à la conduite de tout le Département.

Deux Ingénieurs en chef, l'un pour la partie fupérieure, depuis

Orléans jusqu'à Moulins ; l'autre pour la partie inférieure, depuis Orléans jusqu'à Angers.

Plusieurs Sous-Inspecteurs divisés dans ces deux Départemens, pour veiller sur les ouvrages, & pour être plus à portée de remédier aux accidens subits qui surviennent dans les crues d'eau.

Enfin un Trésorier général qui reçoit directement des mains des Receveurs généraux, & qui paie sur les Ordonnances de l'Intendant. Si l'on ne connoissoit pas l'esprit de la Finance, on auroit peine à croire qu'encore que cet arrangement de recette eût été pris dès le ministere de M. Desmaretz, & que par-là il n'en fût plus dû aucunes taxations aux Receveurs des Tailles, on n'avoit pas laissé d'employer ces taxations à leur profit, dans les états des Turcies & Levées, jus-

qu'à la réforme de 1727, tems
où elles furent rejettées.

L'opération la plus utile, qui
jamais ait été faite pour la direction de ce Département, est
une Carte générale des lits de
la Loire, du Cher & de l'Allier, qui fût levée, pour la premiere fois, en 1730. Elle est
subdivisée en autant de Plans,
qu'il y a de Cantons désignés
par les Etats du Département,
& tous les ouvrages dont les bords
de ces Rivieres font revêtus, y
ont été si clairement dessinés,
qu'on en distingue facilement les
différens genres & les dénominations. On ne conçoit pas comment il étoit possible, sans ce secours, de juger dans l'intérieur
du cabinet, de la nécessité des
Ouvrages proposés. Quand les
Ingénieurs auroient pû fournir
dans tous les cas, autant de Plans
particuliers qu'ils auroient con-

çu de projets, quelle idée auroit-on tirée de ces deffeins ifo-
lés, dans une efpece où il eft
rare qu'ils n'influent pas les uns
fur les autres par leur direction?
Auffi paroit-il qu'on s'en rapportoit à l'aveugle indication des Intendans, furtout depuis que l'un
d'eux fe voyant très accrédité fous
le regne de Louis XIV, s'étoit
emparé de la confiance du Gouvernement. Il donnoit fes avis
comme autant d'oracles, dans la
certitûde de n'être jamais contre-
dit, & abufoit, ainfi ouvertement, du filence que les loix ont
gardé fur le vol de la réputation.

Fin de la premiere Partie.

ESSAI
SUR LA VOIRIE,
ET LES
PONTS ET CHAUSSÉES
DE FRANCE.

SECONDE PARTIE.

DES OUVRAGES NECESSAIRES à la réparation des Chemins, & des moyens par lesquels on peut la procurer.

CHAPITRE PREMIER.
Des différentes largeurs des Chemins.

Nous devons à la terre toutes les productions qui servent à satis-

faire nos befoins ; mais en vain le
travail la forceroit-il à produire,
s'il ne donnoit à l'induftrie les
moyens de préparer fes fruits, &
de nous en procurer la jouiffance.
Ce n'eft pas affez d'avoir femé,
moiffonné, cueilli, coupé des
bois, fouillé des mines, &c. il faut
que toutes ces richeffes arrivent
aux lieux où, par un nouveau travail, elles peuvent, en recevant
la forme, devenir propres à notre
ufage. Ces différens trajets feroient impoffibles ou ruineux,
fans la facilité des Chemins. La
navigation feroit un art inutile, fi
les matieres qu'elle emploie &
qu'elle tranfporte, ne pouvoient
être rendues de l'intérieur des
terres, aux differens ports de conftruction, & d'embarquement. Il
n'y a donc rien, après l'agriculture, de fi effentiel ou de plus indifpenfable pour un Etat, que la
commodité & la fureté des Che-

mins, puifque la fubfiftance, le vêtement, la défenfe même de la Patrie en font abfolument dépendantes.

Je n'apprens là rien de nouveau, & je ne crois pas que quelqu'un foit tenté de nier le principe ni la conféquence. L'Auteur du Traité de la Population, fonde principalement le fuccès de fes projets, pour le défrichement (*a*) des Landes de Bordeaux, & la vivification (*b*) du Berri, fur la confection des Chemins : & ce qu'il y a de remarquable, c'eft qu'il ne fe borne pas aux routes ; il demande, en politique judicieux, des traverfes & des communications; mais il trouve que dans les autres parties du Royaume, où l'on répond à fes vœux, par l'empreffement le plus marqué pour cet objet, le zele va trop loin, &

(*a*) Part. II. p. 45.
(*b*) *Ibid.* p. 55.

met tout en Chemins, comme il
voudroit lui-même que sur les
Côtes tout fût mis en Ports de
Mer (a).

Son premier reproche tombe
donc sur ce que l'on fait trop de
Chemins. Le second, sur ce qu'ils
sont trop larges. Le troisieme
attaque les alignemens. Le quatrieme tourne en dérision la mi-
sérable construction de nos
Chaussées. Et le dernier fronde la
chétive qualité des arbres dont les
bords des routes sont plantés. Je
tâcherai de répondre solidement
à tous ces griefs, & de faire convenir celui qui les propose, que
vraisemblablement il a confondu
la généralité des circonstances, à
laquelle il n'a pas fait assez d'attention, ou à quelque espece sin-
guliere qui l'aura frappé, & qui
peut-être ne devoit son exis-
tence qu'à des causes contraires

(a) Part. III. p. 12.

à l'esprit de l'administration.

Si je soutenois qu'il ne peut y avoir trop de Chemins dans les différens genres indiqués par nos besoins , peut-être ne ferois-je desavoué ni d'aucun habile Négociant , ni d'aucun Propriétaire de terre , ni d'aucun Habitant de la Campagne ; mais comme je ne suis affecté que du bien public, je conviendrai qu'il faut des bornes à toutes choses, & qu'il y a un point milieu, en deça, ni au-delà duquel le bon ne se trouve jamais. Cependant les bornes qu'on pourroit fixer à ce milieu en matiere de Chemins , seroient prodigieusement étendues dans un grand Royaume tel que la France, & aussi commerçant. Pour s'en convaincre , il n'y a qu'à réflechir sur la quantité d'objets qu'ils embrassent. Il en faut pour le Culte divin , un à chaque Village qui n'a point de Paroisse , à chaque

Hameau & à chaque Habitation
féparée. Il en faut pour le tranfport des fruits de la terre, dans
tous les mouvemens qu'ils éprou-
vent avant d'arriver à leur con-
fommation intérieure, ou à leur
paffage chez l'Etranger. Quand
toutes les voies qu'on leur fait
parcourir, ne feroient que de la
quatrieme ou de la troifieme claffe, il n'eft pas douteux 'qu'elles
n'emportent un immenfe terrein;
& fi l'on y ajoute enfuite les Routes & les Chemins royaux, la comparaifon de leur fuperficie à celle
de deux Provinces, pourroit bien
n'être pas infiniment outrée; mais
allât-elle à la valeur de trois, le
facrifice feroit auffi beau qu'indifpenfable, parcequ'il fuppoferoit
une grande population, une mer-
veilleufe agriculture, un riche
commerce; & que fans ce moyen
de le faire fleurir, toute la ferti-
lité de nos Campagnes n'abouti-

roit qu'à rendre le Royaume im-
puiſſant.

Tout conſiſte à n'avoir pas de
chemins inutiles : oh ! j'en ſuis
d'accord. Supprimons tous ceux
de cette eſpece, mais ne nous y
trompons pas. De ce qu'il y a deux
routes pour aller de Paris à Lyon,
il n'en ſuivra pas qu'il y en ait une
de trop, puiſqu'elles exploitent,
chacune à part, des païs tout-à-
fait différens, & que le lieu où
elles aboutiſſent, eſt digne de
cette dépenſe, autant que celui
d'où elles partent ; bien différentes en ce point de ces routes preſque parallèles, dont l'une ne dé-
bouche aucun commerce, & n'a
jamais eu d'autre objet que celui
de la commodité des puiſſans qui
les ont obtenues.

Ajoutons à cette ſuppreſſion,
celle des Sentiers que les Voyageurs, principalement ceux qui
courent la poſte, oſent ſe frayer

au travers des prés & des terres
enfemencées ; ce qui ne vient que
de la licence des Villageois , qui
les ont ouvertes ; & nous ferons
très fûrs de rendre à l'agriculture,
par cette compenfation , une partie confidérable du terrein que
les Chemins néceffaires lui ont
dérobée : *cumulata juvant.*

Quoique ces Sentiers ne paroiffent rien au premier afpect,
nombrez-les dans un territoire ;
fupputez-en la longueur & la largeur , & vous ferez furpris de ce
qu'ils coûtent à l'Etat. J'en parlerai dans la troifiéme Partie.

Si je ne craignois d'apprêter à
rire à quelqu'un de ces agréables
Citoyens de la Capitale , qui
n'ont jamais vu que des bofquets
& des jardins fleuris , & qui ne
fauroient diftinguer l'orge du fro-
ment, en pleine Campagne ; j'in-
diquerois , d'après nos Laboureurs , un autre expédient d'épar-

gne , dont j'entens tous les hommes fenfés convenir unanime-
ment ; qui a été pratiqué dans des
Royaumes entiers , & dont non-
feulement le miniftere n'a fait
jufqu'ici ufage , faute d'y avoir
été excité ; mais duquel les pauvres , qui auroient le plus grand
intérêt d'y concourir , femblent
éviter foigneufement les fecours,
en travaillant à perpétuer l'abus
dont je me plains. Je parle de ces
oifeaux voraces & fi féconds, qu'on
appelle *Moineaux* , & auxquels
les Païfans ménagent des retrai-
tes tranquilles , comme s'ils crai-
gnoient que la race s'en éteignît.
J'ai oui dire cent & cent fois,
qu'il n'y avoit pas un de ces oifeaux qui ne mangeât , chaque
année , un boiffeau de bled. Cette
perte n'eft - elle pas affreufe ? Et
comment cet illuftre Académi-
cien , à qui la Nation doit tant
pour les foins qu'il fe donne en

faveur de l'agriculture , n'a-t'il
pas si vivement représenté l'importance de ce fait , (s'il est aussi
vrai qu'il est vraisemblable), que
le Gouvernement déterminé par
le mérite de son témoignage, ait
remedié à ce mal si facile à guérir , & par-là dédommagé l'Etat
du préjudice inévitable qu'apportent les Chemins à la semence du
produit des terres ?

L'excessive quantité de Gibier,
dans de certains cantons , est encore un dommage que tous les
Propriétaires souffriroient patiemment si leur intérêt n'étoit
sacrifié qu'aux plaisirs du Souverain : mais qu'à son insçu , sous ce
prétexte , les grains soient dévo-
rés sur pied , & les Cultivateurs
réduits à l'esclavage de ne pouvoir
les cultiver en toute saison ; le
cœur de tout Citoyen en saigne.
Réprimer cet abus , seroit donc
encore procurer une indemnité à
l'agriculture.

Voilà des maux réels, & des pertes sans retour, qu'on auroit pû mettre justement au rang des plus déplorables ; mais il me semble que les chemins devoient trouver grace aux yeux du sage Auteur auquel je réponds, sur la foi due à une administration qu'il révere.

Passons à son second grief. A l'entendre (a), » la moindre » communication entre chaque » petite Ville, est tracée sur le » Plan, ou peu s'en faut, de la » grande allée de Vincennes au » Trône «. Mais n'y a-t'il pas là trop d'exagération ? Et oserois-je lui demander en quel lieu de la France, autre que la route de Saint Denis, il a trouvé un exemple qui approche de cette comparaison ? A plus forte raison passe-t'elle toute créance, en l'appliquant aux moindres commu-

(a) I. Part. p. 185.

nications,

nications, & je la regarde comme une figure poétique, pareille à celle de Virgile, qui, pour exprimer un cheval démesurément grand, l'a comparé à une montagne. Quoi qu'il en soit, il me suffira de lui annoncer sur quelles regles on procede à la fixation de la largeur des Chemins, pour me persuader qu'il reviendra de sa prévention, & qu'il adoptera sans réserve ces regles pleines de sagesse.

Il accorde que les grands Chemins des Romains avoient soixante pieds de largeur. Nos plus grands n'en ont pas davantage ; mais il faut avouer qu'à la place de ces vains ornemens dont ce peuple paroit les siens, nous ne décorons les nôtres que de fossés latéraux, & de deux rangs d'arbres. Il ne s'agit plus que d'examiner laquelle des deux Nations est la mieux fondée dans ses principes, & la plus fage dans l'emploi proportionnel de fes facultés. 1°. Nos Chemins n'étant pas d'une folidité comparable à celle des voies militaires, nous travaillons à prévenir leur deftruction, en procurant l'écoulement des eaux; & par-là nous empêchons que les Propriétaires Riverains ufurpent la voie publique; ce qu'ils n'ont jamais manqué de faire depuis la fondation de la Monarchie juf-qu'au tems où l'on s'eft enfin oc-cupé férieufement du foin de faire exécuter les Ordonnances fans nombre, anciennes & modernes, qui ont été rendues fur ce fujet. Je ne m'arrête pas à les citer, parcequ'on les trouve répandues dans tous les livres qui ont traité cette matiere. 2°. Nos forces, ni nos richeffes n'approchent pas de celles des Romains, aux époques où ce peuple a été faifi de la *Vio-manie*, ou, fi l'on veut, *de la rage des alignemens* , car ils l'avoient telle (a) qu'on nous la reproche. Il réſulte néanmoins de ce détail, que nous prenons ſur l'agriculture vingt-quatre pieds de largeur de plus que les Romains ; mais c'eſt à cauſe que nos voitures ſont beaucoup plus larges , & notre commerce beaucoup plus vif, indépendamment de ce que la plantation des arbres l'exige indiſpenſablement , comme je le dirai bientôt.

Tels ſont les motifs qui ont engagé nos Souverains, & notamment Henri III , par ſon Ordonnance de Blois en 1579 ; Louis XIV , par celle des Eaux & Forêts , du mois d'Août 1669 ; & enfin Louis XV , par un Arrêt du 3 Mai 1720 , à preſcrire aux grandes routes la largeur de ſoixante pieds , outre les foſſés de ſix pieds de largeur de chaque côté ; & les deux rangs d'arbres qui en

(a) Ibid. p. 187.

G ij

prennent autant ; par où l'on
verra qu'il ne faut point imputer
aux modernes d'avoir imaginé
cette dimenfion, & que l'idée en
eft due à la prudence de nos ancê-
tres, à laquelle nous avons fagement fait de déférer par les grands
avantages qui en réfultent, ainfi
que je vais l'expliquer.

Un chemin n'eft pratiquable
en tout tems & en toute faifon,
que par deux circonftances, 1°.
quand le terrein eft affez ferme,
affez fûr & affez élevé , pour fe
foutenir par lui-même, & fans aucun fecours de l'art. Or ceux-là
font fi rares , qu'en mille lieues
de cours , on n'en trouve pas communément vingt dans cette heureufe difpofition. 2°. Par le revêtement d'une Chauffée qu'on
conftruit dans fon milieu. Ce dernier cas eft l'ordinaire , & fur la
néceffité duquel il faut abfolument compter pour les grandes

Routes, à peine de s'en repentir ;
mais il n'y a point de Chauſſées,
ſans excepter celles des Romains,
ſi pompeuſement décrites par Bergier, (exactement , je veux le
croire) , il n'y en a , dis-je , point
qui réſiſtât au rouage continuel
de voitures immenſément chargées , comme celles de nos Rou-
liers , ſi elles rouloient ſans inter-
miſſion ſur la Chauſſée. L'exemple en eſt palpable à l'égard de
nos Pavés de grès , matiere la plus
dure , après le marbre , & dont
néanmoins la vingtieme partie ſe
conſomme en un an de tems :
elle dureroit moins ſi elle n'étoit
exactement entretenue. Il a donc
fallu imaginer un moyen de pa-
rer à cet inconvénient : où pou-
voit-il être ? ſi ce n'eſt dans une
largeur qui laiſſât aſſez d'eſpace
entre la bordure de la Chauſſée
& le Foſſé, pour y ménager un
paſſage aux Voitures , dans les

faifons où l'accôtement feroit pratiquable. Il ne faut pas inviter
les conducteurs à le fuivre, parcequ'ils le préferent pour ménager les pieds de leurs chevaux, &
pour defcendre à leur avantage
les rampes un peu roides, à plus
forte raifon les montagnes où ils
feroient obligés d'enrayer ; mais
cet expedient feroit encore infuf-
fifant à caufe des arbres, fi les
Chemins n'étoient affez larges
pour être bientôt deffechés par
les impreffions de l'air, lorfque
les pluies les ont imbibés, d'autant plus que l'eau tombant rapidement des feuilles fur un terrein
déja pénétré par celle qu'il reçoit
directement du Ciel, l'ombre y
entretiendroit l'humidité, fi les
arbres n'étoient pas féparés par
un grand efpace. Elle les rendroit
pour long-tems impratiquables
aux gens de pied à qui elle fert de
rafraîchiffement dans les groffes

chaleurs. Il eſt d'ailleurs ſenſible
que ſi les routes étoient étroites, l'Etat ſeroit aſſujetti à un
plus gros entretien ; car on ne
peut réparer les Chemins en toute
ſaiſon, & une legere dégradation
eſt bientôt ſuivie du renverſe-
ment de la Chauſſée ; le commerce ſeroit ſouvent obſtrué, & la
Nation privée de la reſſource des
arbres dont la culture devient
chaque jour plus précieuſe par
l'excès de la conſommation du
bois à brûler, auquel le luxe nous
a conduits ; & par celle du bois
de charronage, depuis que le
nombre des voitures eſt ſi pro-
digieuſement accru. Enfin il faut
des regles dans toutes les matieres d'Etat, pour ne pas les expo-
ſer aux funeſtes effets d'une régie
arbitraire ; & s'il y a quelque cho-
ſe à reprocher à celle-ci, c'eſt que
les loix n'y ſoient ni aſſez amples,
ni aſſez préciſes, ni aſſez ſolem-

nelles, comme je le montrerai en
fon lieu. Je me flatte qu'en réfu-
mant toutes les caufes de la largeur qu'on donne aux grandes
Routes, tout Cenfeur de bonne-
foi voudra bien s'appaifer, furtout quand j'aurai certifié qu'on
ne les qualifie telles, que quand
elles vont de Paris aux extrémités
du Royaume, fans fe détourner.

Les grands Chemins du fecond
ordre ne font pas traités fur le
même ton, à caufe que le commerce n'y eft pas fi abondant;
mais par les raifons fufdites, on
leur donne au moins quarante-
huit pieds de largeur. Par-là,
quand la Chauffée y feroit de
vingt pieds, il en refteroit encore
quatorze de chaque côté pour
l'accôtement ; ce qui fuffiroit à
tous les objets dont j'ai prouvé
la convenance & la néceffité ; au
lieu que fi la largeur étoit moindre, on tomberoit dans tous les

inconvéniens que j'ai décrits , &
cependant plusieurs Réglemens
n'ont exigé que dix pieds de distance du pied de l'arbre à la bordure de la Chauffée ; ce qui me
paroît trop peu.

Enfin la troisieme classe , est
celle des Chemins qu'on appelle de traverse , auxquels on ne
donne communément que trente
pieds de largeur , & tout au plus
trente-six.

Il me resteroit à définir ce
qu'on entend par ces deux dernieres classes de Chemins roïaux ,
si je ne devois en parler amplement dans la derniere Partie. Ve-
nons au troisieme grief.

C'est celui des alignemens , qui
est traité *de rage* , ainsi que je l'ai
déja observé ; quoique les Romains qu'on nous propose pour
modele , en fussent plus affectés
que nous , & que pour ne pas s'en
détourner , ils entreprissent des

G v

travaux incroyables, dont la feule
idée ne nous viendroit pas, comme de percer des Montagnes, d'y
faire des Chemins voûtés au travers des rochers ; d'unir des colli-
nes par des levées ; combler des
marais, & d'autres travaux d'u-
ne dépenfe & d'une difficulté fur-
prenante. A plus forte raifon eft-
il naturel de fuivre la ligne droite,
lorfqu'on n'y trouve aucun em-
pêchement, puifqu'étant la plus
courte, elle épargne le terrein,
& qu'elle abrege la traite des
Commerçans & des Voyageurs;
qu'enfin elle diminue la dépenfe.
Telles auffi ont été les vues des
Légiflateurs qui ont ordonné l'a-
lignement des Chemins. L'Arrêt
du 26 Mai 1705, s'en explique en
ces termes, & il n'eft pas une
production du Gouvernement
préfent, auquel néanmoins on
en fait le reproche. Le préam-
bule de cet Arrêt porte que »par

» le trouble des Propriétaires Ri-
» verains , quantité de Chemins
» ont été faits avec des finuofités
» préjudiciables aux intérêrs de
» Sa Majefté, *par la plus grande*
» *dépenfe qu'il faut faire pour les*
» *conftruire & pour les entretenir* ,
» & à la commodité publique,
» en ce que lefdits Chemins *en*
» *font beaucoup plus longs* «. Il
pouvoit ajouter *à l'intérêt public* ,
perfonne n'ignorant que les denrées & les marchandifes font ren-
cheries, par la prolongation du
tranfport. Ce feroit cependant
une erreur de penfer qu'on s'affer-
viffe fi abfolument à la ligne droite , qu'on ne s'en éloigne jamais ,
fi ce n'eft par des obftacles infur-
montables. Tant d'obftination ne
convenoit qu'aux Romains , uniquement frappés de l'éclat de
leurs entreprifes. Comme l'utilité
fait le principal objet des nôtres ;
l'Arrêt que j'ai cité , en ordon-

G vj

nant d'aligner les Chemins, ajoute *le plus que faire se pourra* ; ce qui exclut tous les empêchemens que l'intérêt de la société défend de vaincre par un travail superflu. Il suffiroit donc que l'alignement coûtât trop, ou portât trop de préjudice aux Particuliers, par comparaison à l'avantage que le Public en retireroit, pour engager le Gouvernement à préférer de suivre la sinuosité de l'ancien Chemin, en corrigeant les difformités choquantes qui s'y rencontreroient. Je ne vois pas que sur l'accomplissement de ces regles, personne ait plus de droit ou de raison de s'inquiéter, que le Législateur lui-même, qui s'en rapporte à la prudence des Ordonnateurs, & à l'intelligence des Exécuteurs. Après ce que j'ai dit des précautions que l'on prend sur ce sujet, pour ne tomber dans aucune erreur, je doute que quel-

qu'un citât un exemple arrivé depuis trente ans, où il eut été plus
utile & moins difpendieux de ne
pas s'en tenir à la ligne droite ; &
j'avertis que celui-là feroit impru-
dent qui s'expoferoit à faire du
coup d'œil cet arbitrage, furtout
s'il n'étoit pas du métier, puifque
les plus habiles Ingénieurs rifque-
roient de s'y tromper, & qu'ils
ne peuvent en rendre un compte
exact que par des toifés très difficiles, & par les calculs les plus
épineux ; encore eft-il fi rare qu'ils
aillent à la précifion, du moins
pour de grands ouvrages, qu'il y
auroit trop de confiance à ne pas
compter fur des augmentations.

Mais ce qu'on ne croiroit peut-
être pas après la groffe invective,
que l'ami des hommes a proferée
contre les alignemens, c'eft qu'il
convienne, comme il le fait (a),
» que c'eft un ornement confi-

(a) Ibid. p. 187.

» dérable , & qui doit être re-
» cherché avec foin , en fuppo-
» fant l'égale qualité du terrein.
Il dit plus ; » dans les Routes
» principales & aux lieux où cela
» abrege de beaucoup, les édifi-
» ces & autres embarras de dé-
» tail n'y doivent pas être épar-
» gnés , fauf le dédommagement
» du tiers , comme en ufent les
» Païs d'Etats pour leurs chemins.
Je lui demande la permiffion d'argumenter contre ce texte.

1°. Si les alignemens font un
ornement confidérable , & qu'il
faille les rechercher avec foin ,
&c. ce n'eft donc pas une rage de
les rechercher , & ce foin devoit paroître plus digne d'un élo-
ge que d'une injure , puifqu'il eft
néceffairement appuyé (*à priori*)
fur le principe d'abreger.

2°. Il eft vrai que l'Auteur y
met deux conditions, dont l'une
eft l'égalité du terrein, & l'autre le

dédommagement du tiers. On
fent que la premiere ne peut être
que le fruit du hafard, & que fi
l'on en faifoit dépendre l'alignement, elle feroit équivalente à
une propofition indéterminée,
dans laquelle on avanceroit qu'il
convient, & qu'il ne convient
pas d'aligner les Chemins.

Oh! en revanche je donne des
pieds & des mains dans la troifieme condition : elle eft pleine de
fageffe & d'équité. L'intérêt particulier doit ceder au bien public;
mais toujours *fauf le dédommage-*
ment. Cette maxime eft trop facrée parmi nous, pour laiffer
craindre que le Gouvernement
permît de la violer, & j'ai la fa-
tisfaction de voir qu'elle eft ponc-
tuellement obfervée dans les
Ponts & Chauffées. Il ne faut
pourtant pas abufer des termes ;
quand le fol du nouveau Chemin
n'eft que de médiocre, ou de

nulle valeur, on ne le fait point
eſtimer : l'ancien chemin ſert
alors d'indemnité, ſuivant la diſ-
poſition préciſe de l'Arrêt du Conſeil du 26 Mai 1705, déja cité,
lequel pourvoit en même-tems,
au cas où le terrein de l'ancienne
voie ne ſe trouve pas contigu
aux Héritages des Particuliers ſur
leſquels paſſe le nouveau chemin;
mais les maiſons, les enclos, les
prés, les bois, les vignes, ſont
évalués au prix courant des Païs
où ces héritages ſont ſitués, peut-
être plus favorablement pour les
Propriétaires, que dans les Païs
d'Etats; & ce Département n'a
rien à redouter de l'anatheme juſ-
tement lancé ,, contre ces Ad-
,, miniſtrateurs cruels, qui, ſous
,, prétexte que tout doit ceder à
,, l'utilité publique, écraſent tout
,, ce qui ſe trouve devant eux.

Je n'ai pas oublié le quatrieme
grief : il ne perdra rien pour avoir

attendu fon tour ; non que je ne
paffe condamnation fur le paral-
lele de nos Chauffées à celles des
Romains ; mais parcequ'on ne
peut tirer de celles-ci aucun motif de nous en confeiller l'imitation ; encore moins un prétexte
de nous reprocher que les nôtres
font trop legeres. L'expérience
& le raifonnement font fentir
qu'une folidité fuperflue en ce
genre eft d'autant plus vaine,
qu'elle ne peut fe paffer d'un entretien continuel ; & en fuppofant à nos Chauffées ce moyen
de confervation, elles font affez
fortes pour braver les injures du
tems. La raifon veut d'ailleurs
que tout Peuple , comme tout
Particulier, proportionne l'étendue de fes entreprifes aux facultés qu'il a de les exécuter. D'a-
près ces confidérations , je demande à tout Juge impartial , à
quoi il fervoit aux Romains de

donner à leurs Chauſſées une épaiſſeur exceſſive, formée de pluſieurs couches de pierre, de mortier à ciment, de cailloux & de gravier? S'ils n'avoient pas deſſein de les entretenir; cette épaiſſeur, eut-elle été double, n'auroit pas ſauvé de l'impreſſion des roues la ſuperficie de ce maſſif, ſi leurs voitures avoient été auſſi lourdes & auſſi chargées que les nôtres. Or c'eſt de la ſuperficie & non du cube que dépendent la douceur & la facilité du roulage. Si, au contraire, ils vouloient mettre leurs Chauſſées à l'entretien, la dépenſe de tant d'appareil, le tems & la peine inexprimable des Peuples & des troupes qu'ils y employoient, étoient autant de perdu, & conſéquemment un ſujet d'imputation bien fondée d'une prodigalité tout-à la-fois folle & barbare : je dirai ailleurs que leurs ſoldats le leur reprochoient juſte-

ment. Nous sommes plus judicieux & plus humains ; si notre
population étoit aussi abondante
que celle des Conquérans du monde entier, au lieu d'occuper inutilement trop d'hommes à la réparation des chemins, nous for-
merions du superflu, des Colo-
nies fructueuses dont le travail
nous fourniroit du sucre, de l'in-
digo & du tabac, précieux besoins, puisqu'ils contribuent si
puissamment aux forces de cet
Empire. Comme il s'en faut bien
que cette heureuse abondance de
sujets nous soit propre, nous
usons modérement de notre mé-
diocrité ; mais j'y reviens, nos
Chaussées sont assez solides, si
nous savons bien les entretenir,
& que nous rendions ce travail
si doux au Peuple, qu'il s'accoutume à le regarder comme une
charge aussi essentielle à son intérêt, que celle de labourer pour

moiſſonner, & qu'il en tire réellement la récolte par la diminution des impôts, ſuite néceſſaire
de l'augmentation du commerce.
Je prouverai ailleurs cette ſuffi-
ſance de ſolidité, & ne craindrai
pas d'être démenti par celle des
Chauſſées du Languedoc, quoiqu'elles ſoient les plus renommées de tous les Païs d'Etat; il
faut bien que cette Province penſe comme moi, puiſqu'elle a re-
clamé les ſecours du miniſtere,
pour avoir des hommes experts
dans la méthode de conſtruction
qu'on pratique pour les Généralités, & qu'en effet elle s'eſt miſe
ſous la direction d'un Inſpecteur
général des Ponts & Chauſſées.
Ce qui peut avoir inſpiré une autre opinion, c'eſt qu'on aura vrai-
ſemblablement jugé de la perfection de nos Chauſſées, par le
premier état où on les voit quand
on commence d'y rouler. L'Au-

teur dit en effet, au Chapitre déja
cité plufieurs fois (*a*), „ que ces
„ remuemens de terre loin d'at-
„ tirer les voitures, les éloignent.
Mais un Ecrivain fi judicieux a-
t'il pu imaginer qu'il fût poffible
de faire des chemins fans remuer
des terres ? Attendez donc que
ces voitures aient broyé & maf-
tiqué les cailloux de la fuperficie,
que les terres fraîches & mobi-
biles fe foient affaiffées & affer-
mies ; & vous ferez agréablement
récompenfé de votre patience. La
Nation Françoife fera-t'elle la feule de l'Univers qui voudra qu'on ne
cueille que des fruits mûrs ? Fau-
dra-t'il renoncer à planter des arbres dans notre vieilleffe, parceque nous ne jouirons ni de leur
ombrage, ni de leur fécondité ?
Cette derniere réflexion me conduit naturellement à répondre au
cinquieme grief, qui attaque d'un

(*a*) Pag. 18j.

côté la mauvaife qualité des arbres en général, & de l'autre la
multiplicité de leurs efpeces, parmi lefquelles il y en a beaucoup
d'inutiles.

Je penfe abfolument comme
l'Auteur, fur le premier de ces
deux chefs. Je crois le fecond peu
fondé, non-feulement parceque
la propagation de toute forte
d'arbres eft utile en foi ; mais encore en ce que toutes les efpeces
ne viennent pas fur toute forte
de terreins, & qu'il eft difficile
d'argumenter avec fuccès contre
les difpofitions de la nature. C'eft
la raifon pour laquelle l'Arrêt du
3 Mai 1720, en renouvellant à
cet égard celles des anciennes
Ordonnances, a prefcrit la plantation des » ormes, hêtres, châ-
» taigners, arbres fruitiers, ou
» autres arbres, *fuivant la nature*
» *du terrein* «. Il eft vrai que l'Ordonnance de Henri II, du 18

Janvier 1552, ne prefcrivoit que
la plantation des ormes ; mais
elle en explique la raifon ; c'eft
que cette efpece d'arbres devenoit très rare *pour les affûts & re-
montages de l'artillerie.* Si j'ofois
dire mon fentiment fur le vice général de la plantation, par rapport à la qualité des arbres, je
l'attribuerois à l'erreur du principe qui a fait établir des Pepinieres royales, & encore plus à leur
mauvaife adminiftration, fur laquelle il n'y a genre d'infidélité
qu'on n'ait jufqu'ici fait éprouver à l'Etat ! cet efprit de rapine
eft devenu fi commun dans les
claffes des Sujets à qui de bons
préjugés n'ont pas appris à fe refpecter, qu'à peine y a-t'il un genre de manutention où le point
capital de la politique du Gouvernement ne foit de fe garantir de
la tromperie ; & il doit s'affurer
qu'il n'en fournira jamais une

feule occafion dont quelqu'un ne profite. Il a paffé en proverbe, que *c'eft pain beni de voler le Roi*; & cette doctrine n'a fait que trop de chemin à la ruine de ce Peuple ftupide qui l'a canonifée; comme fi voler le Roi, n'étoit pas voler l'Etat, & que les rapines ne tombaffent pas directement fur tout le corps de la fociété. Qu'il foit ainfi trahi, volé, pillé, friponné dans les plus petits détails, comme dans les plus grands, tout Citoyen entendroit crier contre une corruption fi générale. Rien n'étoit plus naturel que d'en prévoir les effets fur l'entretien des pepinieres, ni plus facile que de l'éviter. Au lieu de rendre le Roi cultivateur, la plus mauvaife des pratiques pour tout Proprietaire qui ne laboure pas, & à plus forte raifon pour le Souverain; étoit-il donc, & feroit-il encore fi mal-aifé de former

mer dans toutes les Provinces du
Royaume, des Populateurs d'arbres, & de les exciter à cette culture, tant par le profit qu'ils y
trouveroient, en les vendant au
Roi & aux Particuliers ; que par
des modérations sur les impôts,
proportionnées aux productions
qu'ils fourniroient, & même, s'il
étoit nécessaire, par de petites
gratifications ? La certitude qu'ils
auroient de débiter à bon prix
tous les arbres nécessaires à la
plantation des chemins, laquelle
ne peut qu'augmenter par les
soins qu'on prend de les aligner,
animeroit ces Cultivateurs au travail, & rendroit bien-tôt cette
fourniture aussi commune partout proportionnément, qu'elle
l'est dans la Généralité de Paris,
où je suis persuadé que les arbres
coûtent infiniment moins que si
on les tiroit des Pepinieres royales, & sont dix fois plus beaux &

H

meilleurs. Le reproche de l'abus que je combats, ne doit donc pas tomber sur la direction des Ponts & Chauffées, tout-à-fait diftincte de celle des arbres.

J'ai tâché jufqu'ici d'édifier l'Auteur que je voudrois ramener à mon avis fur le fyftême des Chemins, parceque la droiture de fon cœur & la finefle de fa perception me rendent fon fuffrage refpectable ; & qu'avec un témoignage de ce poids, je ne defefpererois pas d'obtenir que le public adoptât mes opinions. Je ferai encore de plus grands efforts dans la fuite de cette Partie, pour arriver à ce double avantage, en prouvant par l'Ami des hommes lui-même, non-feulement l'indifpenfable, mais la jufte néceffité du travail des corvées, reglé par une contribution égale, & moderée par l'humanité. Je rougirois qu'on pût me reprocher d'avoir

parlé de moi en vain ; mais j'efpere qu'on ne m'imputera point
d'être tombé dans ce cas , fi j'ofe
dire que j'ai le cœur compatiffant
pour le pauvre , & que je fuis bien
éloigné de vouloir aggraver fon
joug ; que d'un autre côté , à
l'exemple de l'Auteur immortel
de l'Efprit des Loix, dont la fou-
miffion à leur autorité , & la vertu
pure , peuvent fervir de modele à
tout homme d'honneur , je benis
le Ciel de m'avoir fait naître fous
le Gouvernement où je vis. Mais
plus ces fentimens font profondément gravés dans mon cœur , avec
celui d'une obéiffance fans bornes , plus je croirois manquer aux
facrés devoirs qu'ils m'impofent,
fi je favorifois la moindre idée qui
tendît au defpotifme. Je fuis donc
bien oppofé à toute doctrine qui
prêcheroit d'un côté l'efclavage,
& de l'autre l'anéantiffement des
loix. Je demande au contraire,que

H ij

fi pour le bien de la Société, il nous en faut de nouvelles, l'autorité légitime veuille bien y pourvoir, & que les Magiftrats, qui en font les dépofitaires, fe faffent honneur & gloire d'y concourir. C'eft fur ce point que je dirige mes veilles & mes vœux, fans aucun intérêt perfonnel ; proteftant que le feul qui m'y porte, eft le defir de contribuer au foulagement du Peuple, en indiquant les moyens d'alleger fon fardeau, & peut-être de le lui rendre fi leger, qu'il aille au-devant.

CHAPITRE II.

Des opérations qui précedent la conftruction des Chemins.

LA premiere opération de l'art qui conduit à la confection d'une nouvelle route, ou à la réparation d'un ancien chemin, est celle d'en lever un plan exact , & de tirer les niveaux des pentes sur lesquelles la nature & la disposition du terrein permettront qu'on les mette. Mais si, par la connoissance qu'on a, ou qu'on prend de cet ancien chemin, on voit qu'il en coûteroit plus de le réparer que d'en faire un nouveau; alors il faut étudier avec soin toutes les raisons de convenance qui peuvent déterminer à le faire plutôt passer à droite qu'à gauche. L'intérêt du Commerce doit être le premier motif de la détermination générale , relativement aux Villes & Bourgs par lesquels on passera, & qui formeront autant de points capitaux auxquels il faudra s'assujetir pour la distribution des Parties. Il pourroit néanmoins arriver que les obstacles qui con-

trediröient la meilleure de ces
convenances fuſſent tels qu'ils
forçaſſent à y renoncer; car s'il
y avoit pluſieurs Rivieres aſſez
conſidérables pour exiger des
Ponts diſpendieux, des montagnes inacceſſibles aux voitures,
dont l'adouciſſement dût occa-
ſionner des travaux exceſſifs ; des
qualités de terrein impraticables
telles que des marais ; ou une ſi
grande rareté de matériaux qu'on
fût obligé de les tirer de trop
loin ; en ce cas il faudroit prendre un autre parti , & chercher
à dédommager le Commerce, des
pertes qu'il feroit d'un côté par
les avantages qu'il trouveroit ou
qu'on pourroit lui procurer de
l'autre. La connoiſſance de la
longueur des deux trajets eſt indiſpenſablement néceſſaire pour
cette comparaiſon , parcequ'une
route qui préſente au premier aſ-
pect des obſtacles rebutans, peut

tellement abréger, qu'en cette
seule considération la préférence
lui soit dûe par le gain visible
qu'on trouveroit dans la diminution des frais du transport des
marchandises & des denrées.
Quoique j'aie dit qu'il en est
d'un État comme d'un Particulier, qui doit toujours propor-
tionner ses dépenses à ses facultés, & que cette maxime soit exactement vraie, l'application en est
souvent très differente. Ici le Particulier sujet à la mort ne peut
fonder le succès de ses entreprises que sur sa propre œconomie
& sur un terme mesuré à son âge.
L'État né mourant point ne doit
se désister de poursuivre ses avantages, ni par égard à la vicissitude
des choses humaines, ni par rapport à la durée du tems qu'exi-
gera l'exécution. Il y a longtems
que le Louvre perfectionné seroit
un objet d'admiration pour tout

l'Univers , fi depuis la mort du grand Colbert , on avoit feule-ment employé un million par an à finir fon magnifique & utile projet , par lequel le Roi pour-roit revendre les matériaux & l'emplacement du Palais ou y faire une Place publique digne de Paris & de l'effigie de Henri IV , en faifant tout-à-la-fois de cette vafte enceinte du Louvre, le temple de la Juftice , le por-tique des Sciences,& l'Académie des beaux Arts. *Et fi parva licet componere magnis*; la route d'Or-léans , impraticable en 1727, n'a été mife à neuf & toute en pavé quarré , que par un travail non interrompu de onze années com-pris en un feul marché. Il eft donc certain que le plus fûr & le plus louable moyen d'avancer le bien public, dans la partie que je trai-te , c'eft de former de grands projets & de les attaquer par

tant d'endroits que les fucceſ-
feurs, fi l'on n'a pas le tems de
les finir, foient forcés, pour leur
propre honneur, de les fuivre &
de les achever.

Je fuppofe que, par tous les
motifs qui doivent déterminer le
choix d'une route, la conſtruction
générale en foit réfolue dans l'état
actuel où eſt la direction de ce
département, on ordonnera aux
Ingénieurs en chef de toutes les
Généralités, fur lefquelles cette
route devra paffer, d'en lever le
plan fur l'étendue de leur diſtrict,
en fuivant les aboutiffans de chaque partie qui leur auront été indiqués, & il leur fera prefcrit d'y
comprendre à droite & à gauche
les terreins fur lefquels leur avis
fera, ou de conduire le redreffement de l'ancienne route, fi l'on
juge à propos de la conferver, ou
d'aligner la nouvelle fi l'on veut
abandonner l'ancien chemin.

H v

Quand ces plans feront tous le-
vés, on les remettra à l'Infpecteur
Général chargé de ces Provinces : il fe tranfportera fur les lieux
avec les Ingénieurs en chef , pour
examiner fi les lignes du nouveau
plan ont été fagement tirées eu
égard à la nature du fol , à l'a-
bondance & à la facilité du tranfport des matériaux , à la commodité des Voyageurs par rapport
aux gîtes , à leur fûreté par rapport aux bois & lieux déferts qui
pourroient fervir de retraite aux
Voleurs , à l'exploitation des Manufactures,à la quantité de Ponts,
Pontaux ou Aqueducs qu'il faudra bâtir , & enfin eu égard à toutes les autres confidérations que
la prudence humaine peut fug-
gerer. Si l'Infpecteur Général ap-
prouve tout le projet il l'adoptera ; s'il opine qu'il faille y changer, il dreffera un Mémoire de fes
obfervations, & il fera rapport du

tout au Commiſſaire Général. Je
ſupplie qu'on veuille bien ſe rap-
peller ici tout ce que j'ai décrit
dans la premiere partie , des précautions qu'on prend pour ne rien
laiſſer échapper de tout ce qui
pourroit attirer une juſte cenſure
du Public ſur l'exécution des projets : on examinera celui-ci non-
ſeulement dans cette vûe ; mais
encore pour éviter les moindres
défauts dont les Savans pourroient
ſeuls s'appercevoir. Suppoſons
maintenant le plan général approuvé : les opérations prélimi-
naires vont devenir plus détail-
lées.

Comme le Magiſtrat aura décidé avec l'agrément du Miniſtre par quels des intervalles il
veut commencer dans chaque Généralité ; il chargera les Ingénieurs en chef de lever ſur une
plus grande échelle les plans particuliers de ces intervalles & d'y

joindre les différens profils, tant
des niveaux de pente fur la longueur, que des glacis (a), & des
bermes (b) fur la largeur, afin de
faire voir les emplacemens des
déblais (c) & remblais (d) qui feront indiqués par le devis pour
réduire ou pour rehauffer le terrein: Enfin à ces plans & profils
feront joints en grand les deffeins des ouvrages de maçonnerie ou de charpente néceffaires à
l'accompliffement du projet. Voilà bien du travail ; & cependant
le plus difficile refte à faire, c'eft
le devis & le détail eftimatif de
tous ces ouvrages à exécuter tant
à prix d'argent feulement qu'en
tout ou partie par le fecours des
Communautés. Non-feulement

(a) Pente douce des terres qui bordent un
chemin en contremont ou en contreban.
(b) Chemin de terre entre la bordure de la
Chauffée & le foffé.
(c) Retranchement de terres.
(d) Rapport de terres.

ces devis exigent beaucoup de
lumieres, d'ordre & de netteté ;
mais les détails font d'une difcuffion pénible & difficile par la
précifion avec laquelle il faut
évaluer l'extraction des matériaux, la fouille des terres & le
tranfport des uns & des autres ;
ce qui exige un calcul exact de
tous les folides, celui des diftan-
ces, & du nombre de journées
d'hommes, de voitures ou bêtes
de fomme qu'il faudra y employer,
enfin la main d'œuvre des ouvrages d'art, le prix des outils à fournir, & tous les autres frais indifpenfables. C'eft néanmoins pár
ce détail qu'il faut commencer,
par l'incertitude où l'on eft que
l'objet de la dépenfe ou d'autres
motifs ne faffent différer le travail, & que tout le tems qu'on
auroit employé à dreffer un devis
qui fouvent compofe un volume,
ne foit perdu ou n'ait fait remet-

tre des occupations plus preffantes. Tout ce nouveau travail ef-
fuie encore les mêmes infpections,
examen & contredits dont j'ai
fait ailleurs la defcription , après
quoi l'on fait part de la décifion
aux Intendans, & le Miniftre leur
enjoint d'y tenir la main.

CHAPITRE III.

Des différens Ouvrages qui con-
courent à la réparation des che-
mins.

C'EST ici que le fentiment de
mon infuffifance fait murmurer
mon zele & mon amour propre,
par le plaifir que j'aurois à décrire fçavamment toutes les opérations qui procurent au Public
cette heureufe facilité qu'il a de
fe tranfporter à pied , à cheval,
en pofte , en voiture particuliere

ou publique, du centre aux frontieres de la Monarchie ; les soins,
les peines, les soucis, les veilles
& les travaux qu'il en coûte au
Gouvernement pour nous faire
jouir de tant de commodités ; le
mérite personnel des Citoyens à
qui nous les devons : & la recon-
noiſſance qui leur en est si légitimement acquise. Je goûterois
le plus parfait des contentemens
à montrer par une exacte énumération & une vive peinture
de toutes les manœuvres de l'art,
à combien de parties s'étend le
talent de ceux qui l'exercent, &
combien de connoiſſances il faut
avoir acquis pour critiquer saine-
ment cette profonde méchanique
cachée au vulgaire & même aux
Savans d'un autre genre. Mais
pourquoi m'affliger ? n'ai-je pas
droit d'esperer, si mon travail est
utile par d'autres endroits, que
quelqu'Ingénieur illustre voudra

suppléer à mon défaut, pour faire passer à la posterité une instruction complette sur les Ponts & Chaussées, ensorte que les principes puissent en être perpétués d'âge en âge, & ne jamais périr par l'ignorance, la paresse ou le caprice des Successeurs du Gouvernement présent. Cet évenement est trop à craindre dans toutes les administrations, pour ne devoir pas être prévu. Il est si rare qu'un homme en place veuille s'éclairer des lumieres de son prédécesseur ; il trouveroit si pénible de les tirer du cachot où elles sont releguées ; les sous-ordres qui ont la garde des papiers affectent tant d'y entretenir la confusion pour en faire un dédale impénétrable & un mystere aussi secret que celui du culte de Cerès, qu'il n'y a plus de ressource dans aucun genre de détail pour en conserver le fil & l'idiôme, que de

les mettre fous la protection du
Public, afin que tous les Citoyens
laborieux foient libres de les confulter, & que le fervice de l'Etat
dans chaque partie ne foit plus
une fcience cabaliftique dont on
ignore fouvent les premiers principes quand on y eft appellé.
Heureufe eft la Finance d'avoir
été gouvernée par un Sully, Homme de bien, Homme d'Etat,
vrai génie, qui, bien éloigné de
craindre qu'il fufcitât des Emu-
les par fes leçons, fembloit les
inviter à s'en inftruire. Seroit-ce
un blafphême de dire que fans
les précieux élémens qu'il nous
a laiffés, Colbert n'eut peut-être
jamais développé fon génie? Si
tant de fuccefleurs avoient puifé
dans la même fource, la Nation
n'auroit pas fi fouvent gémi. La
Finance à qui ces riches modeles
ont tout récemment procuré de
fi excellens inftituts! Pourquoi le

Patriotifme n'en feroit-il pas
éclore de pareils pour la guerre,
pour la marine, pour la police
intérieure de l'Etat ? La matiere
que j'ai entrepris de traiter tient
un rang affez honorable dans cette derniere partie du Gouvernement, pour être reftée dans la
groffiereté du brut minéral fi
quelque Citoyen avoit déchiré
le voile qui la couvroit, & dé-
truit le preftige du préjugé qui
l'a fi longtems retenue dans les
ténebres. Mais, dira quelque politique du Parterre, c'eft porter
la main à l'encenfoir. Les inftructions qui apprennent à gouverner
l'Etat font de droit dévolues au
Miniftere, & ne doivent être remifes qu'à lui : il eft d'autant plus
dangereux de les rendre publiques, que nos Ennemis en peuvent profiter. Crainte pufillani-
me ! Ces ennemis en favent autant que nous fur leurs intérêts

& fur les nôtres. Quand même
ils les ignoreroient, les principes
de la fcience ne donnent pas le
génie qui fait les appliquer ; &
jamais les Nations ne parvien-
dront à fe communiquer ce que
la nature & l'habitude leur rendent propre. Nous ne devons
point afpirer à la profonde méditation des Anglois ni à cette
obftination prefque Romaine ,
qui les rend tenans à la pourfuite
de leurs deffeins, au point de n'en
jamais démordre : ils doivent de
leur côté, renoncer à la délicateffe de notre goût & de notre
fentiment , à la vivacité de nos
faillies , & à l'impétuofité de notre valeur. Au furplus, Ami Lec-
teur, cette apologie eft gratuite
de ma part ; je n'ai pas à craindre que le Gouvernement me
fache mauvais gré d'avoir divul-
gué le fecret des chemins , très
comparable à celui de la Comédie.

Après les opérations prélimi-
naires dont j'ai fait une courte defcription, les premiers coups
de la main d'œuvre tombent fur
les retranchemens, & les rapports
de terre conféquemment aux
profils qui en ont été tirés. C'eft
un article très important , foit
qu'il ait été adjugé à prix d'argent , foit qu'il doive être fait par
corvées. Au premier cas , la dépenfe feroit inutilement augmentée , fi le déblais étoit plus fort
que ne l'exigeroit le remblais, ou
qu'il ne l'eût demandé fi les niveaux avoient été mieux pris.
Dans le fecond , on fouleroit
mal-à-propos les Communautés
par un travail fuperflu. L'homme
d'art profondément verfé dans
la trigonométrie & les nivellemens , rendra cette propofition
très fenfible par des profils ap-
pliqués à différentes efpeces fup-
pofées, & ces profils adaptés aux
parties du Plan qui leur appar-

tiendront, accoutumeront infenfiblement l'efprit de l'homme d'E-
tat qui voudra les apprendre à
juger par le deffein, de l'état du
terrein fur lequel on fait travailler, & de celui où il fera mis par
le travail.

Quand le chemin a été reglé
par des piquets fur les pentes
qu'on veut lui donner, il faut y
conftruire les Ponts néceffaires à
l'écoulement des eaux des petites Rivieres, Ruiffeaux & Ravins
qui le couperoient fi on ne leur
ménageoit un paffage fuffifant.
Ces Ponts ont dû être prévûs
lorfqu'on a fait les nivellemens,
enforte que leurs rampes préve-
nues de loin aient été affujeties
aux niveaux. Ils doivent même,
autant qu'on le peut, être conftruits avant la Chauffée, parcequ'ils lui fervent comme de re-
paires auxquels elle doit néceffairement fe rendre & aboutir.

Mon Savant donnera dans fon

Ouvrage les Plans, les élévations & les coupes de ces moyens & petits Ponts ; il diſtinguera ceux qui peuvent être fondés ſur le ſol naturel lorſqu'on y trouve le tuf ou le roc ; il indiquera pour d'autres un ſimple grillage dont il décrira & fera voir l'aſſemblage de charpente ; enfin il caracteriſera les terreins où les Ponts ne peuvent être ſolidement fondés que ſur pilotis ; il détaillera la manœuvre pour les battre, les réceper (a), les coeffer (b) &c. & il déduira ſi clairement toutes ces opérations, qu'en les comparant aux deſſeins qu'il y joindra, un homme ſenſé puiſſe les entendre au point, s'il le falloit, de les faire exécuter. Souvent pour dériver les eaux, il ſuffit de conſtruire à la profondeur d'un ravin ou d'une ſource vive, un petit

(a) C'eſt couper avec la ſcie, la tête d'un pieu, pour le mettre de niveau.

(b) C'eſt couvrir un fil de pieux d'une piece de bois, qu'on nomme chapeau,

Aqueduc voûté ou feulement recouvert de pierres plattes qu'on
nomme *Dales.*

La Chauffée fera faite en pavé
ou en cailloutis, la premiere n'a
rien de difficile, & fa folidité dépend de trois conditions, dont
la premiere eft la fermeté du fol;
la feconde, l'épaiffeur & la bonne qualité du fable fur lequel on
l'affeoit, & qu'on appelle *forme*;
la troifieme enfin, eft la dureté
de la pierre : le grès l'emporte fur
toutes les autres. Il faudra donc
pour pofer ce pavé, attendre que
les terres du remblais foient affaiffées, encore arrivera-t'il, fi
elles font légeres ou graffes, qu'il
faudra le relever au bout d'un an,
Il n'eft pas à beaucoup près également aifé de conftruire une
bonne Chauffée de cailloutis ;
l'ancienne méthode prefcrivoit
que les bords de la Chauffée
fuffent armés de groffes pierres,
fur lefquelles les cailloux étant

appuyés, paroiſſoient riſquer d'autant moins de céder au poids des
voitures, que ces bordures étoient
encore contrebuttées par l'élé-
vation des terres de l'encaiſſement (a). La nouvelle Académie
a décidé que cet encaiſſement
ſuffiſoit, & même que les bordures étoient nuiſibles, en ce que
le rouage venant à les déranger,
il falloit pour les rétablir ouvrir
les terres de l'encaiſſement ou
faire une large breche à la Chauſſée dont le cailloutis remplacé ne
pouvoit plus reprendre autant de
conſiſtence que celui qu'on en
avoit tiré & qui avoit fait corps
avec la partie contigüe. Sur cela
je m'en rapporte en ignorant do-
cile ; mais je demande que mon
Savant réſolve le problême par des
raiſonnemens appuyés ſur l'expérience. On prétend à la vérité

____

(a) Excavation de la largeur de la Chauſſée qu'on veut conſtruire.

qu'elle

qu'elle eſt favorable à la nouvelle
méthode, cependant la durée des
Chauſſées Romaines appuyées de
groſſes bordures & même deDales
qui les ſéparoient des chemins de
terre, au rapport du ſieur Gautier qui a pris les profils de pluſieurs ; cette durée, dis-je, pourroit contrebalancer le témoignage des vivans & faire penſer que
le défaut de nos bordures pourroit naître de la maniere dont
nous les employons. Quoi qu'il
en ſoit, voici la conſtruction
preſcrite pour nosChauſſées d'em-
pierrement, telle que j'ai promis
de la décrire pour prouver leur
ſolidité.

Après avoir fait la tranchée qui
doit ſervir à l'encaiſſement, on
poſe tout au fond des pierres ran-
gées à la main ſur leur champ ou
plus grande épaiſſeur ,ce qui com-
poſe un pavé brut & mal uni.
Quand ce premier lit eſt achevé

I

on y répand du gravier ou du fable pour en garnir & remplir tous les joints jufqu'à la fuperficie qui en eft arrofée ; fur cette couche , on étend des pierres ou des cailloux de moindre groffeur, qu'on recouvre pareillement de fable ; enfin , diminuant toujours la groffeur du caillou , on termine la Chauffée par le plus menu, recouvert comme deffus , & l'on obferve que fa fuperficie foit bombée en forme de bahu , pour que les eaux s'en écoulent dans les foffés lateraux ; il y en a qui prétendent que la Chauffée feroit plus folide fi l'on pratiquoit ce bombement fur le platfond même du terrein de la tranchée , parcequ'alors les reins de la Chauffée qui fouffrent le poids & le frottement des roues étant auffi épais que le milieu, auroit plus de réfiftance. Plus ces chemins font fréquentés , plutôt ce maffif fait

corps & devient folide ; enforte
que fi les dégradations que les
voitures & les chevaux y font au
commencement font bien réparées pendant trois ou quatre ans
il y a très peu de chofe à faire
par la fuite.

On trouve quelquefois dans le
cours d'un chemin très avancé,
des terreins fpongieux, & qui
ont fi peu de confiftance qu'aucun corps folide ne peut s'y foutenir : ils s'y enfoncent ou fubitement ou infenfiblement, &
plus on voudroit les recharger,
plus on précipiteroit leur ruine :
j'en connois où des Chauffées
entieres ont difparu, & ou des
fondes de cinquante pieds de hauteur n'ont pas trouvé de fond ; il
n'eft plus tems de reculer, & toutes fois les reffources contre un
pareil évenement font auffi courtes que difficiles ; on ne m'eu a
enfeigné que deux, dont l'une

eſt le grillage (*a*) & l'autre un faſ-
cinage (*b*) ſpacieux qu'on retient
le mieux qu'il eſt poſſible avec des
piquets, & qu'on charge enſuite
de terres ſolides. Voilà un petit
champ de diſſertation pour l'Ingénieur qui écrira.

Ailleurs on rencontre des bancs
de glaiſe dont il eſt facile de venir à bout, s'ils n'excedent pas
la largeur de la Chauſſée, mais
s'ils regnent ſur toute la largeur
du chemin, il eſt difficile, ou du
moins très pénible de les maſquer
ſi exactement que les glaiſes ne
reviennent pas à la ſuperficie,
ſurtout s'il y a des glacis en con-
trehaut ou en contrebas.

Plus loin, il ſe préſente d'autres difficultés à vaincre, tantôt
ce ſont des Plaines ſi baſſes qu'aux
moindres crues d'une Riviere voi-

(*a*) Aſſemblage de pieces de bois qui ſe
croiſent quarrément.

(*b*) Lit de faſcines.

fine elles font couvertes d'eau ;
tantôt des marais qu'on ne peut
deffécher par des faignées. Dans
les deux cas il n'y a d'autre remede que de conftruire des Chauffées ou levées percées d'arches.

On peut mettre encore au rang
des difficultés confidérables qui
fe préfentent dans quelques Provinces du Royaume , des chaînes
de montagnes fi longues qu'on
ne peut les contourner , & qu'il
faut profiter des premieres gorges
où l'on trouve moyen de pratiquer une rampe à mi-côte pour
y tracer un chemin , quelquefois
même dans le roc qu'il faut mi-
ner. Il ne faut pas aller en Au-
vergne ni aux Pirenées pour en
voir des exemples ; il y en a un
fameux à Tarare fur la route de
Lyon que je n'ai point vû , & un
autre à Roulleboife fur la baffe
route de Paris à Rouen. J'ai par-
couru à pied cette montée il y a

plus de vingt ans, & il m'a paru qu'elle ne pouvoit être mieux traitée sans se jetter dans une dépense superflue, qui même n'en auroit que peu diminué la roideur. On se borne à donner à ces passages escarpés une largeur suffisante pour deux voitures, & l'on sauve les périls du précipice par un mur de parapet, par une banquette de terre, des barrieres ou des bornes, quelquefois par des arbres dont les intervalles sont garnis d'une haie d'épines. Mon illustre se fera un jeu d'indiquer pour tous ces cas les expédiens convenables à chaque espece, & les appuiera de profils qui en démontreront l'exécution.

J'ai réservé pour le dernier article ce qui est le plus digne de piquer son émulation, c'est le projet d'un grand Pont supposé à construire sur une Riviere navigable. Quoique plusieurs Auteurs en aient donné des modeles, & que les deſſeins de ceux qui ont été conſtruits de nos jours ſoient des plus beaux qu'on puiſſe propoſer ; je ne ſais ſi aucun Architecte s'eſt juſqu'ici aviſé de donner ſéparément les plans, les coupes, & les développemens des différentes parties qui compoſent cette ſorte d'ouvrage, avec ceux des bâtardeaux, des machines, & des inſtrumens dont on ſe ſert tant pour les épuiſemens que pour les autres opérations de l'art, le tout dans l'eſprit de l'inſtruction que je demande pour la portion du Public qui n'eſt pas de la profeſſion ; & encore plus particulierement pour l'homme d'Etat qui doit préſider à la direction de cette matiere. Sans doute les devis contiennent l'équivalent de tout ce détail ; mais c'eſt pour l'Entrepreneur qui eſt préſumé entendre la manœuvre, & non pour les gens de Lettres qui ne peuvent y comprendre que fort peu de chofe, faute de favoir la fignification des termes de l'art, la forme des machines, la figure des engins & des outils, & les ufages auxquels on les emploie.

J'exhorte donc l'Artifte zelé qui entreprendra de nous donner ces élémens de l'Architecture publique relative aux chemins, à dreffer d'abord une table alphabétique de toutes les natures & qualités de matériaux qu'on y emploie, de toutes les machines, engins & outils qui fervent aux opérations de l'art & des termes de la manœuvre, avec des définitions fi claires & des deffeins qui repréfentent fi exactement chaque opération, qu'on puiffe par ce double fecours, fuivre pied à pied l'exécution d'un devis & en concevoir l'effet total.

Le feu fieur Gautier qui dès

1714 étoit Inspecteur des Ponts
& Chauffées, semble avoir prévenu mes desseins, dans un Traité des Ponts imprimé à Paris chez
André Cailleau en 1716; mais son
Livre, ainsi qu'un Traité du même Auteur sur les chemins, publié en 1721, est d'un style si bas
qu'indépendamment de bien des
puérilités & des pauvretés que
l'un & l'autre contiennent, ils
ne peuvent servir que de titre &
de forme pour en faire un bon
tel que je le demande, de la main
d'un grand Maitre, & qui écrive
avec assez de pureté pour ne pas
ajouter l'ennui de la diction à la
secheresse de la matiere; à la vérité ce talent de bien écrire n'est
pas commun parmi les hommes
d'art, mais il n'y est pas non plus
si rare qu'on ne puisse facilement
l'y trouver; cet ouvrage seroit si
utile pour les Sujets qui se dé-
vouent au service de l'Etat dans

cette partie, & il tendroit si vi-
siblement à la propagation de
l'architecture publique s'il conte-
noit de bonnes dissertations,
qu'il n'y a pas à douter que le
Gouvernement ne fît avec plaisir la dépense de l'impression &
celle de la gravure des planches.
Ces dissertations rouleroient sur
la poussée des voûtes & des terres, sur l'ouverture des arches la
plus convenable, relativement
aux différens lits & cours des Rivieres, au volume & à la rapi-
dité des eaux ; sur la forme la
plus belle & la plus solide qu'on
puisse leur donner qui paroît être
le plein cintre ; & sur le dernier
degré jusqu'auquel on peut s'en
éloigner en les surbaissant, pour
ne pas s'exposer à des accidens
dont un seul exemple devroit in-
terdire tous les autres. Il est trop
dangereux de permettre des
épreuves à la pure vanité, sur des

ouvrages dont l'immenfité de la dépenfe intéreffe fi fort l'Etat, & qui n'ajoutent rien à la beauté de l'ouvrage, eft-il même décidé que la réduction outrée du nombre des arches procure de l'épargne. Le coût de l'appareil extraordinaire qu'exigent celles dont l'ouverture eft exceffive, n'équipole-t'il pas à celui du maffif des piles qu'on fupprime ? Je l'ignore, mais je fens qu'une fixation fur cet objet, fi elle eft pratiquable, feroit infiniment avantageufe.

Je defirerois enfuite qu'on difcutât les problêmes qui naiffent du caractere des torrens du Dauphiné, tels que le Drac, l'Izere, la Romanffe, la Greffe, pour voir s'il y auroit des remedes à efpérer contre leurs irruptions fubites. Les hommes qui jufqu'à préfent les ont examinés, étoient-ils affez attentifs pour avoir tout

I vj

vû, & affez habiles pour avoir
tout prévû ? Le feul intérêt de
conferver Grenoble ne mérite-
roit-il pas qu'on réunit les avis
de tous les Savans en ce genre,
& ce motif n'eft-il point infiniment fortifié par la vûe d'éviter
les dépenfes extraordinaires qui
furviennent fi fouvent ?

Une differtation fur le parti
qu'on a pris de bâtir un maffif
continu tout au travers de l'Allier
à Moulins pour y ériger un Pont :
cette differtation , dis-je , ne feroit-elle pas curieufe & digne d'un
Gouvernement qui doit mettre
au nombre de fes foins celui
d'inftruire fon fiecle & la pofte-
rité ? L'Allier n'eft pas la feule
Riviere dont les enfablemens
foient également inconftans &
profonds ; toujours eft il certain
qu'en fuppofant , comme je le
crois , fur la réputation de l'Ingénieur qui conduit cet ouvrage,

que le Pont de Moulins ne fût
fufceptible d'aucun autre genre
de conftruction pour être folide;
l'Architecture ne pourroit que
gagner à l'examen des raifons qui
ont fait donner la préférence à
celui-ci, ne fût-ce que pour s'y
tenir invariablement dans un cas
femblable. Il fuffiroit même, je
penfe, pour exciter les Savans à
communiquer leurs avis fur des
queftions fi problematiques, qu'on
imprimât les devis de tous les
ouvrages fameux, avec leurs plans,
profils & élévations. Ils ne font
pas affez fréquens pour rendre
cette dépenfe effrayante, & cependant à l'exception du Pont
de Blois, je n'ai point appris
qu'on l'ait fait pour aucun autre.
Celui de Compiegne conftruit depuis trente ans; ceux du Cher à
Tours, fi dignes d'être connus &
imités, le Pont d'Orléans qui
touche à fa fin, enfin celui de

Saumur qui vient d'être fondé
d'une façon si nouvelle & si heureuse , ne méritent ils pas d'ho-
norer les faftes de la Nation , &
que les noms de leurs Auteurs y
foient gravés en caracteres dignes
de leurs talens.

En voilà peut-être trop fur le
Chapitre des Ouvrages , eu égard
au peu de connoiffance que j'en
ai & à la ftérilité des inftructions
qu'il contient ; mais je fais la
fonction de la pierre à rafoir ,
qui n'ayant pas la vertu de couper , fert à aiguifer le tranchant
du fer , & je n'en ai pas promis
davantage, je ferai plus hardi dans
le Chapitre fuivant.

CHAPITRE IV.

Des moyens qu'on emploie pour l'exécution des Ouvrages des Ponts & Chauffées.

SI l'argent eft le nerf des opérations de la guerre, il ne l'eft pas moins des Ouvrages de la paix, toute la différence confifte dans la quotité des fommes que prennent ces deux objets ; dans la fituation des Peuples qui en portent le fardeau & dans les effets qui les fuivent. Non-feulement les dépenfes de la guerre font immenfes & fans bornes ; furtout fi le défordre s'y joint, mais l'obftruction qu'elle jette fur le Commerce met les Peuples hors d'état de la foutenir long-tems. Tout au contraire, les dépenfes de la paix font modiques

& limitées ; elles ont, de plus, la faculté d'augmenter les revenus de l'Etat, & par-là il semble qu'aucune conjoncture n'en devroit interrompre le cours ; mais , comme je l'ai dit ailleurs , la guerre est un Créancier implacable qui égorge tous les autres , & de là vient que quand elle presse on remet moins de fonds au département des Ponts & Chauffées, qu'il ne lui en faudroit pour continuer les travaux commencés & pour en entreprendre d'autres. Il faut cependant rendre au Gouvernement la justice de convenir que depuis quarante ans il a été assez convaincu de la nécessité de soutenir cette partie , pour faire payer très régulierement en tems de paix , non-seulement les fonds imposés pour le courant , mais encore les arrérages des années précédentes, à l'exception de l'exercice entier qui se trouve re-

tardé d'un an , & j'ai oui dire plus
d'une fois que le remplacement
en eût été infailliblement fait fi
la Direction avoit été plus accré-
ditée, enforte qu'il y a tout lieu
d'efperer que dans un tems plus
heureux , ce vuide fera rempli,
& les fonds deftinés à quelqu'ouvrage d'éclat , pour rendre aux
Sujets , par le travail , le fond de
l'impofition qu'ils en ont fuppor-
tée & le faire refluer ainfi dans le
Commerce. Mes amis les Ingénieurs ne connoiffant chacun que
fon département & la plûpart
étant beaucoup plus jeunes que
moi, n'ont pû m'apprendre , ni
la fomme qu'on deftinoit avant
eux , ni celle qu'on accorde maintenant aux Ponts & Chauffées ;
mais j'ai fû d'ailleurs que l'une &
l'autre depuis ces quarante ans ,
alloit , année commune , à plus
de trois millions , & ne montoit
pas à quatre ; on ajoutoit qu'il

s'en falloit beaucoup , & je le crois, que cette fomme fût fuf-fifante. En effet , quand je me repréfente qu'il en faut déduire l'entretien de tant de Ponts répandus dans ce vafte Roïaume, celui de l'immenfe quantité de Pavés dont la fuperficie augmente tous les jours. Les appointemens & frais de tournée de tant d'Officiers attachés à ce Département , les gages des Tréforiers & de leurs Contrôleurs, les taxations de retenue & les frais d'adjudication dont il eft jufte de tenir compte aux Entrepreneurs; je conçois que le réfidu doit être mince pour les ouvrages neufs, & que le double n'y fuffiroit pas fi l'on vouloit les faire à prix d'argent : il a donc néceffairement fallu y employer les corvées ; c'eft ici la pierre d'achopement , contre laquelle tout le fyftême viendroit fe brifer , fi les corps les plus respectables ne revenoient de leur prévention. Comme il est impossible que des contradictions qui ont fait tant d'éclat n'aient ébranlé l'opinion du Public qui n'a rien à leur opposer, parcequ'il n'a pas la plus légere notion de ses intérêts dans cette partie ; je me charge de plaider ici sa cause au Tribunal même des contradicteurs ; ils font trop éclairés pour ne pas reconnoître la vérité quand elle paroîtra devant eux , & trop vertueux pour ne pas lui rendre hommage.

Je me flatte d'avoir prouvé l'indispensable nécessité des chemins relativement à celle du Commerce , & quand cette raison ne feroit pas affez décisive pour entraîner elle feule tous les suffrages , je ferois sûr d'obtenir encore celui de tous les Voyageurs & de tous les Propriétaires de terres , par les motifs de leur intérêt & de leur commodité : ces trois approbations réunies ne me permettent pas de craindre que ma proposition soit combattu ni que j'aie de nouveaux argumens à pousser pour la soutenir. Nous sommes tous d'accord sur le point capital de la question, il ne s'agit plus que d'examiner attentivement & sans prévention quels font les moyens les plus analogues au bien de l'Etat qu'on puisse employer à la réparation des chemins & au besoin de les tenir toujours pratiquables ; car il feroit inutile de conquérir dans tout autre esprit que celui de conserver.

On nous indique pour ce premier objet le travail des troupes, mais on ne pense pas au second, à moins qu'on ne foufentende que quand nos Soldats auroient fait les chemins, on les enverroit en Quartier d'entretien comme on les met en Quartier d'Hiver.

Le second moyen qu'on propose est le travail des Criminels qui n'ont pas été jugés dignes de mort.

On peut y en joindre un troisieme, qui est celui des Pauvres valides.

Discutons ces trois classes de Sujets chacune à part, comme l'ordre & la raison le prescrivent, puisque la premiere est très noble, digne de toute la protection du Souverain & de toute la reconnoissance de la Societé, & que les deux autres sont infâmes.

Qu'est-ce que le Militaire en France ? Un corps qui se dévoue à la défense de la Patrie, & qu'on ne peut maintenir que par le principe de l'honneur. Cette définition répond à la doctrine de tous les bons Politiques, doctrine judicieuse & frappante, qui n'a pas besoin pour être adoptée par la Nation , de l'apophtegme si connu du Paysan Suedois : eh ! » que deviendra l'honneur du » nom *Soldat.* Mais en quoi ce Soldat fait-il consister ordinairement l'honneur ? Est-ce dans l'édification d'une conduite & d'un langage modestes , ou à pratiquer les bonnes mœurs, la chasteté , la tempérance ? Non, c'est à battre les Ennemis , à ne redouter ni péril ni fatigue pour remporter la victoire , à ne faire aucune œuvre vile , qui puisse, en le dégradant , lui faire perdre la supériorité dont il jouit & qu'il exerce impérieusement sur le bas Peuple. Quel est le sentiment de l'Officier qui conduit le soldat? C'est de l'entretenir dans ce glorieux préjugé de l'estime de soi-même , & de ne connoître d'autre subordination que celle qui l'assujettit à son commandement.

Partons de ces principes pour
envoyer nos foldats fur les chemins former des atteliers de Cail-
louteurs & de terraffiers, piocher
du tuf & des roches, pouffer la
brouette, traîner le camion, ar·
ranger des pierres dans une foffe
profonde : fi le plus foumis des
Peuples trouvoit fi dur qu'on l'employât à vaincre la Nature au lieu
de lui donner des Ennemis à
dompter ; fi ces foldats fe plai-
gnoient hautement qu'on les trai-
tât comme des Criminels dont
on auroit commué la peine de
mort en celle de travailler toute
leur vie aux chemins, ou comme
des bêtes de fomme, en leur faifant porter & traîner d'énormes
fardeaux, & s'ils alloient jufqu'à
fe foulever contre leurs Commandans ; penfera t'on que la vanité
& la vivacité Françoife fuppor-
teroient patiemment les mêmes
fatigues fur les inftructions d'un

Payfan, Piqueur d'Ouvriers, ou
fi l'on veut, fous les ordres d'un
fous-Infpecteur ? Ce foldat mé-
priferoit l'un, le battroit peut-
être, & fe mocqueroit de l'autre:
il crieroit qu'il ne s'eft point engagé pour être efclave, & qu'il
n'a pas quitté la charue pour être
attelé au tombereau. Je veux pourtant, car j'ai affez d'avantages
pour ne pas craindre d'en ceder,
je veux, dis-je, que fur les plaintes du fous-Infpecteur le foldat
fût puni ; outre le danger qu'il y
auroit qu'à la premiere occafion
il s'en vengeât, la peine tomberoit fur le chemin par la privation du travail de ce foldat dé-
fobéiffant : & quelle feroit fa
peine ? d'être mis au Piquet ou
conduit par quatre Fufiliers aux
Prifons les plus prochaines, autre
privation de travail ; mais j'avertis que le cas le plus ordinaire
feroit celui où le foldat n'auroit
point

point tort, & ou l'Officier traiteroit mal le plaignant : il s'en
prendroit à lui du dégoût qu'il
auroit pour ce bas service, de
l'ennui où le jetteroit cette vie
oisive & grossiere.

Si dans le Camp, à la vûe de
cet appareil terrible de la Justice
militaire qui doit faire trembler
les plus résolus, un Soldat ne lais-
se pas de s'exposer tous les jours
à la mort sur l'appas d'un choux,
ou d'une poignée de féves ; le
croiroit-on plus craintif quand le
péril seroit moindre & qu'il n'y
auroit point de Sauve-garde à respecter ? Car enfin, la peine capitale seroit-elle imposée au *ma-
raudage voyer ?* Elle paroîtroit si
rigoureuse en comparant la différence des cas, que le Législateur
frémiroit à la prononcer, même
celle de la flétrissure, à cause
qu'elle rendroit le Soldat inha-
bile à porter les armes, & prive-

K

roit la République du fecours de fon bras. La peine des baguettes feroit donc le dernier terme de la rigueur : & quelle impreffion feroit-elle fur le coupable , lorf-qu'il brave celle du trépas dans une pareille circonftance ? Il n'y a point d'homme raifonnable qui fur la foi d'un frein fi léger , ofât garantir au Fermier la moitié de fes légumes ni le quart de fes poules & de fes dindons ; & d'où pour lors ce miférable tireroit-il dequoi payer les impofitions ?

L'incontinence n'eft pas la plus lente paffion des hommes en gé-néral , ni je penfe la moins vive dans les gens de guerre. Il me femble voir un foible troupeau de brebis devenir la proie de loups affamés. Tel feroit le fort des femmes & des filles Villageoifes; point de rufe qui ne fût mife en pratique pour les furprendre ; & bientôt le fuccès enhardiffant la

faim, la violence acheveroit ce
que la féduction auroit commencé : je ne réponds pas même, &
je parle très férieufement, que la
femme du Seigneur Châtelain &
les Bourgeoifes d'alentour, n'euffent bientôt appris comme on
foupire & comme on parle à la
Garnifon. Quel défordre dans les
Familles ? Je vois des peres défo-
lés, des meres échevelées, des
maris en fureur, des filles en larmes : le Curé, dont les anathê-
mes ont été inutiles, porte fes
plaintes à l'Evêque, & lui peint
des couleurs les plus noires le
comble de l'abomination. Le Pré-
lat écrit à la Cour, tout le Cler-
gé fe joint à lui, le Confeil s'af-
femble, & l'on y conclut que l'i-
dée d'employer les troupes à la
réparation des chemins ne pouvant être que l'effet d'un zele pré-
cipité, on ne fauroit trop tôt en
arrêter le fléau par la révocation

K ij

d'une nouveauté fi dangereufe.

O vous, mon illuftre Confrere, s'il eft permis à un Ecrivain obf-cur de prendre un titre fi bril-lant, vous à qui l'importance des mœurs eft fi particulierement con-nue, qui avez démontré avec tant d'énergie qu'elles font la princi-pale force d'un Etat, & qu'elles feules font dignes de la Super-intendance du Souverain : vous dont la charité s'eft confacrée à fecourir le pauvre & l'innocent; pourriez-vous perfifter dans une opinion dont la fuite la moins funefte feroit l'outrage de la Vir-ginité, & qui égaleroit bientôt la corruption des Campagnes à celle des Villes ? Non, je jure que vous en reviendrez.

Si après avoir mûrement con-fideré les inconvéniens dont je viens de donner une légere ef-quiffe, on daigne porter un œil attentif fur tous ceux que j'ai encore à découvrir, on fera étonné de ne les avoir pas apperçus.

Certainement le Roi ne feroit pas travailler le Soldat fur l'unique fond de fa folde ; puifqu'elle ne pourroit fuffire à fa fubfiftance ; il le traiteroit vraifemblablement comme en Campagne : quand cet excédent ne reviendroit qu'à dix fols par jour, & qu'on ne fuppoferoit pour tout le Royaume que cinquante mille hommes travaillans pour ne pas dégarnir nos Places frontieres, ce feroit fept cens cinquante mille livres par mois, & quand nous ne compoferions cette Campagne que de quatre mois, elle ne laifferoit pas de revenir à une dépenfe annuelle de trois millions, à la charge des Peuples lorfque l'effet de la paix doit être de les foulager. Il eft vrai que dans la fpéculation, l'ouvrage qui fortiroit du travail de cent mille bras, paroîtroit fixer à un tems très court la réparation totale ; mais nous l'avons déja obfervé , la France eft bien étendue & prodigieufement percée de chemins. Les détails pourroient prouver l'erreur d'une eftimation idéale, & faire voir que quatre années ne fuffiroient peut-être pas pour une feule Province. Or , les Païs d'Etat diftraits , nous aurions vingt-trois Généralités à parcourir ; le joug des troupes feroit donc indéfini , de même que celui de l'impofition qui deviendroit encore plus lourd par les objets fuivans.

On feroit certainement camper ou barraquer les troupes , puifqu'il n'y auroit aucun moyen de les loger à portée des Atteliers , & qu'il ne conviendroit pas de le faire quand on le pourroit; ce feroit encore une nouvelle dépenfe pour l'Etat. J'avoue que des

Vivandiers attirés à ce Camp venant à faire rencherir les vivres, feroient du bien aux cultivateurs, mais ils rendroient en même-tems la journée du manouvrier trop chere pour les Villes, Bourgs & Villages du Pays, ce qui les tireroit de la proportion où il faut les tenir, pour mettre la claſſe moyenne des Sujets, peut-être la plus pauvre, en état de faire ſes ouvrages de pure néceſſité. Les Manufactures ſe reſſentiroient de la cherté, & la conſommation des marchandiſes diminueroit; on pourroit peſer dans la balance d'un bon calcul les avantages & les déſavantages de cet article. J'ignore de quel côté la balance tomberoit, mais je craindrois qu'il ne réſultât de la comparaiſon un Procès à faire aux chemins dont j'ai à cœur de ſauver l'innocence.

Une autre dépenſe conſidéra-

ble naîtroit de l'obligation où
l'on feroit de fournir un nombre
de Voitures proportionné à la
quantité de terres que tant de
bras remueroient, & à celle des
matériaux qu'ils emploieroient.
D'où les tireroit-on ces voitures?
Je fuppofe que tous les bœufs,
les chevaux & les bêtes afines des
Cantons où les Atteliers feroient
établis y puffent fuffire, ce ne
feroit qu'aux dépens de l'Agriculture & du Commerce qui lan-
guiroient ; obfervons en effet
qu'on ne pourroit employer les
troupes que dans le tems le plus
propre aux travaux de la Campagne & au tranfport des marchandifes ; mais ce n'eft pas tout ; ou
l'on paieroit ces voitures, ou on
les feroit travailler gratuitement.
Au premier cas la dépenfe en
feroit très férieufe ; au fecond,
ce feroit impofer le travail à une
partie du Peuple & en exempter

l'autre, ce qui ajouteroit une injuftice criante à tous les fujets de
reproche qu'on fait à la corvée
générale.

Quand il feroit vrai que l'efprit militaire ne dût pas s'affoi-
blir dans une pareille occupa-
tion, du moins faudroit-il compter pour quelque chofe dans l'ordre de la politique, la crainte
bien fondée de la défertion des
Soldats. Il faudroit les envoyer
fur les carrieres, dans les vignes
& autres terroirs, pour y tirer &
amaffer des pierres, du fable &
des cailloux, fouvent à une &
deux lieues de l'Attelier. Y auroit-il de l'indifcrétion à préfumer qu'ils ne laifferoient pas échaper une occafion fi favorable de
s'évader, & que toutes les Maréchauffées ne fuffiroient pas à les
pourfuivre fructueufement.

Je fuis bien trompé fi toute la
fagacité de l'efprit le plus fubtil
K v

découvriroit des remedes à tant
de maux , & fi elle ne feroit pas
également en défaut fur d'autres
objections qu'on pourroit lui
faire.

Suppofons , par exemple , que
contre mon opinion , l'autorité
vînt à bout fans s'énerver , de
fonder cette inftitution : qu'en
réfulteroit-il ? c'eft qu'au terme
où il y auroit cent lieues de chemin faites aux trois quarts , il
faudroit les abandonner s'il fur-
venoit une guerre , & tout ce
qu'on y auroit fait demeureroit
perdu , tandis que ces nouvelles
routes imparfaites & les anciennes qu'on auroit négligées feroient également impratiquables.
Nous ne favons tous que trop à
quels courts intervalles fe rédui-
fent les tems de Paix dans ce
Royaume ; nous n'aurions donc
jamais de chemins ; mais je veux
que par une efpece de miracle

nous puſſions en venir à bout à
la faveur d'une longue tranquillité que nous laiſſeroient les intérêts des autres Puiſſances ; par
qui feroit-on entretenir cette inexprimable étendue de chemins ?
Je ne penſe pas que perſonne ait
jamais pouſſé la liberté des idées
juſqu'à imaginer que cet entretien pût être impoſé aux troupes ;
il faudroit donc le faire à prix
d'argent , alors quelle augmentation de tribut & quelle charge
inſupportable pour le Peuple, ou
plutôt quel danger qu'il n'y eût
plus d'entretien pour les chemins;
car les Ponts n'entrent pour rien
dans mes objections, & il n'en
eſt pas moins indiſpenſable de
les rétablir ; ſavons-nous s'il n'y
en a pas actuellement à faire de
très preſſans pour plus de vingt
millions ? la concluſion du raiſonnement ſur cette hypotheſe ,
ſera qu'il faudroit au moins diſ-

tribuer l'entretien aux Communautés, tant il eſt vrai que la ſtérilité des reſſources quelconques qu'on voudroit ſubſtituer à cet expédient, y ramenera toujours & démontrera qu'elles ſeroient plus onéreuſes au Peuple que celle qu'on voudroit lui éviter; qu'au ſurplus on fit agréer au Gouvernement le projet du travail des troupes & qu'il pût réuſſir, je me réduirois plus promptement que tout autre à la ſeule impoſition de l'entretien ſur les Communautés: mais j'oſe avancer que ce projet eſt inſoutenable, & il ne faut pas être doué de l'eſprit de Prophétie pour ſe rendre garant qu'il ne paſſera jamais; la ſeule répugnance du Miniſtre de la guerre y oppoſera toujours une barriere inſurmontable: aux moyens de réſerve que j'ai déduits, il ajouteroit tous ceux qu'une profonde connoiſsance & de l'esprit & du Service militaire pourroit lui dicter.

Je crois donc avoir démontré qu'il faut renoncer pour toujours à cette périlleuse tentation d'employer les troupes à la réparation des chemins , & la mettre au rang du beau projet de réduire tous les impôts à un seul.

Il s'en faut bien que nous soyons dans la position des Romains. Si vous exceptez l'Italie , qui étoit unie depuis longtems au Patrimoine de la République, tout le reste de l'Univers étoit pour eux Pays de conquête , & à ce titre de Conquérans ils avoient deux intérêts tout opposés aux nôtres ; l'un d'empêcher que l'oisiveté ne corrompît les troupes, en quoi Auguste dont la Politique mit le plus en œuvre ce remede, sembloit prévoir les excès auxquels le Corps militaire se porteroit dans la suite ; l'autre

de contenir les Peuples dans l'o-
béiffance en les faifant travailler
avec les Soldats. Nous n'avons
rien à craindre de pareil par la
nature de notre Gouvernement,
& parceque toutes nos troupes,
ou peu s'en faut, font Nationa-
les, & parceque jamais Sujets ne
furent ni fi dociles, ni plus foumis. La comparaifon de Rome
avec la France eft donc tout-à-
fait déplacée, & ne conclueroit
rien pour nous faire adopter les
maximes des Romains relativement aux chemins, quand ils n'y
auroient employé que leurs troupes ; mais ils y occupoient tous
les Peuples fans que perfonne fût
exempt d'y contribuer. C'eft
qu'indépendamment de la raifon
politique qui les y engageoit, ils
fentoient bien que les Soldats ne
pouvoient être deftinés à toute
forte d'ouvrages, & qu'ils avoient
un befoin indifpenfable de voi-

turcs & de bêtes de fomme pour
le tranfport des matériaux, d'autant plus que nous ne concevons
pas où ils pouvoient en trouver
affez pour former des Chauffées,
à la vérité moins larges de moitié que les nôtres, mais plus épaif-
fes du triple & du quadruple. Le
fieur Gautier rapporte qu'ayant
eu la curiofité d'en faire démolir, il avoit inutilement cherché
dans le Pays des matieres fem-
blables à celles du décombre, &
qu'il n'avoit même trouvé ni Carriere, ni Riviere, ni Montagne
qui en produifit. Ils les tiroient
fans doute du fein de la terre :
quelles recherches & quel travail ?

Si par toutes ces raifons je fuis
fi contraire à l'idée d'employer
des Soldats à la réparation des
chemins, je penfe tout différemment à l'égard des Ponts, des
Canaux & des Ports de Mer.

Voilà de vrais objets du travail des troupes, parcequ'elles y sont sédentaires, qu'on peut leur y procurer toutes les commodités convenables à la confervation de leur fanté ; qu'elles y font toujours fous les yeux de leurs Commandans, & qu'en leur donnant une légere augmentation de paye on feroit une épargne confidérable pour l'Etat.

Examinons maintenant le fecours qu'on pourroit tirer du travail des Criminels tenus à la chaîne ; quand il n'iroit pas au quart de celui d'un Ouvrier ordinaire, on en tireroit toujours trois grands fervices : le premier, que ces hommes ne feroient plus, comme ils le font maintenant, abfolument perdus pour l'Etat : le fecond, qu'ils n'iroient plus corrompre la Societé, comme ils le font aujourd'hui, en fe fauvant de la chaîne à laquelle ils font

condamnés : le troisieme enfin ,
seroit d'inspirer par cette peine
imprescriptible plus de terreur
aux scélérats , & de flétrir plus
sûrement le germe du crime ; mais
je serois d'avis qu'on ne répan-
dît point ces Forçats sur les atteliers des chemins; il seroit mieux
ce me semble de les attacher à
des ouvrages absolument séparés.
Premierement, pour ne pas donner aux Communautés le spe&a-
cle touchant de voir des hommes
travailler dans les fers, ni l'hu-
miliation de travailler avec eux;
en second lieu, pour ne pas augmenter inutilement le nombre
des Comites , un seul pouvant
commander cent hommes com-
me dix lorsqu'ils sont rassemblés.
Il faudroit les attacher à des
Montagnes qu'on voudroit ap-
planir , à des rochers , à des carrieres dont on pourroit tirer des
pierres brutes, & à tous les au-

tres travaux les plus durs, qui, en leur tenant lieu de juste supplice, procureroient le soulagement des Communautés.

Pour derniere ressource, nous avons à faire usage du travail des Mendians valides, moyen efficace d'en diminuer d'abord le nombre, & successivement d'anéantir la mendicité. On pourroit former de ceux-ci des atteliers sur les routes, en leur distribuant pareillement tout ce qu'il y auroit de plus pénible, mais je croirois également essentiel de les séparer pour les soustraire à la compassion des Communautés qui, pour être mal entendue, pourroit n'en être pas moins dangereuse à exciter. Les arrangemens pour la subsistance de ces deux classes de travailleurs seroient tout ce qu'il y a de plus facile pour le détail.

Mon objet jusqu'à présent, a été de prouver 1°. l'indispensable

néceſſité des Chemins. 2°. L'impuiſſance abſolue où eſt l'Etat,
de faire ou de réparer à prix d'argent les Ponts & Chauſſées de
premiere néceſſité, c'eſt-à-dire les
grandes routes; à plus forte raiſon les chemins du ſecond & du
troiſieme ordre, dont néanmoins
l'utilité influe ſur celle des routes,
au point que la vivification du
Commerce en dépend. 3°. Les
obſtacles inſurmontables qui s'op-
poſent à l'idée d'employer les
troupes à cette réparation, ſi l'on
excepte les travaux ſédentaires
auxquels elles pourroient ſervir
utilement. Il me paroît réſulter
clairement de ces preuves, que
l'unique moyen d'exécuter ce
grand projet eſt d'en charger les
Communautés, en les aidant du
travail qu'on peut tirer des Criminels & des Mendians.

Il ne me reſte plus qu'à prouver que cette impoſition qu'on

nomme corvées, peut être réduite
à des conditions si douces, qu'au
lieu d'être regardée comme *l'a-
bomination de la désolation sur
toutes les Campagnes*, elle y devienne la source des consolations
& des richesses ; c'est à quoi j'es-
pere de n'avoir aucune peine à
parvenir.

L'origine de l'usage habituel
des corvées pour la réparation des
chemins ne remonte pas à cinquante ans. Il fût d'abord établi
sur des principes si faux, si bizarres & si défectueux, qu'ils ou-
vroient la porte au péculat & à
une espece de brigandage. Tout
le fond destiné à cette dépense,
tant pour les frais des outils &
autres, que pour les appointemens
des Conducteurs, étoient cachés
sous l'enveloppe ou d'adjudications fictives des travaux dont on
chargeoit les Peuples, ou de Baux
d'entretien de Chaussées, aupa-

ravant faites à prix d'argent ; en
rapportant une réception fimu-
lée de ces ouvrages, la dépenfe
étoit paffée fans difficulté dans
les comptes du Tréforier Général. Ce n'eft pas que cet arrangement fût criminel par lui-même
& qu'il ne fût peut-être forcé
pour la forme, comme je le dirai ailleurs ; mais le poifon, qui
dépouillé de fa malignité par un
habile Chimifte, devient un remede fouverain , tue, s'il eft préparé par un Empirique ignorant
ou fripon : la différence du fuccès dépend de la capacité , du
caractere, & des mœurs du fujet
à qui l'on donne fa confiance. Le
vice confiftoit ici dans la plûpart
des Provinces, à ne rendre aucun
compte au Gouvernement de
l'emploi réel de la dépenfe ; à
laiffer aux confidens la liberté d'en
abufer en la rendant arbitraire ;
à ignorer que tous les fous-ordres

fans exception, pilloient chacun
dans fa partie ; que le privilége de
l'exemption étoit publiquement
mis en vente par les Subdélégués;
que pour punir certaines Communautés de n'avoir pas gratifié
les Sangfues , on les chargeoit
de plus d'ouvrages qu'elles n'en
pouvoient faire ; à fouffrir qu'on
diftribuât à toutes leur travail à
la journée à la boule-vûe , fans
tâche & fans proportion ; qu'on
les employât à des ouvrages de
faveur, fouvent perfonnels ; qu'on
les affemblât dans les faifons où
l'agriculture avoit befoin du fecours de leurs bras ; que par caprice, cruauté ou ignorance on
les fît venir de dix lieues ;& qu'enfin les matériaux des ouvrages de
maçonnerie adjugés à prix d'argent , fuffent gratuitement portés à pied d'œuvre par les Communautés. On a peine à comprendre que l'efprit des Ordon-

nateurs de bonne foi, pût être
dupe à ce degré, de la bonté de
leur cœur ; mais quand on a longtems vécu, de pareils évenemens
ceſſent de ſurprendre. Si ce détail
ne contient pas tous les genres
d'iniquité dont la corvée eſt ſuſceptible, c'eſt que je veux ignorer
les autres ; mais il renferme ceux
dont on l'accuſe communément.
Oh ! je reconnois qu'à ce prix la
corvée eſt abominable, qu'on
peut la comparer aux dévaſtations
de la guerre & de la famine, &
qu'il n'eſt pas étonnant qu'elle
ait ſoulevé tous les cœurs & tous
les eſprits. Mais ſi au lieu de cette
peinture effroyable je préſente
une direction éclairée, juſte, ſé-
vere contre le vice, compâtiſſan-
te aux peines des malheureux : ſi
je montre un Gouvernement qui
exige toutes ces parties dans les
premiers & les ſeconds Adminiſ-
trateurs du détail, & dans ceux

ci une exécution litterale des inftructions qu'il leur donne : fi les
principes de ce Gouvernement
font de rendre la contribution aux
chemins, générale & fans exception, pour toutes les claffes fu-
jettes à la taille : s'il regle que la
plus forte tâche des Paroiffes ne
pourra jamais exceder douze journées de travail dans le cours d'u-
ne année, & qu'on ne les com-
mandera jamais que dans les faifons mortes pour le travail des
champs ; qu'il leur faffe diftribuer
l'argent qui proviendra de la corvée de repréfentation, enforte
que les Courvoyeurs qui auront
fait leur tâche gratuitement,
foient enfuite payés de celle qu'ils
feront pour les contribuables qui
n'auront pû ou voulu travailler
de leurs mains, & que cette répartition équitable empêche dé-
formais les Ouvriers de déferter
les Bourgs & les Villages pour fe
réfugier

réfugier dans les Villes par l'ef-
pérance de se souftraire à la corvée : si cette taxe de repréfentation eft si exactement impofée &
si fcrupuleufement régie, qu'on
puiffe arbitrer fans témérité qu'en
la fixant à vingt fols par jour le
manouvrier fera payé fur un pied
raifonnable du travail qu'il avoit
cru donner gratuitement, comme je l'expliquerai dans la troifieme partie : si la moindre omif-
fion dans le dénombrement eft punie comme un crime, quand elle
aura été infpirée par la faveur ou
par la corruption : si l'on établit
un tel ordre, que les fonds deftinés
aux frais ne fortent jamais que
de la main des Tréforiers fur des
décharges valables, certifiées par
les principaux prépofés, & vifées
par les Intendans ; si l'on interdit à ces Magiftrats la liberté de
jamais faire faire ou permettre
qu'aucun ouvrage foit fait par

L

corvées si les Plans ne leur en
ont été adressés par la direction ;
si l'on donne aux Subdélégués des
surveillans qui répondent de leur
activité, de leur vigilance & de
leur désintéressement : toutes les
Cours Supérieures ne donneront-
elles pas leur suffrage à un Eta-
blissement si avantageux, qui pour
lors, au lieu de ruiner les Laboureurs & les Manouvriers, leur
procurera un salaire qu'ils n'auroient pû gagner dans le repos?
J'ai une trop haute opinion de la
Magistrature, pour croire qu'elle
n'apperçoive pas dans ce Plan
le soulagement du Peuple & la
prosperité de l'Etat ; mais il pourroit arriver que sagement rigoureuse comme elle l'est sur l'obser-
vation des Loix fondamentales,
elle soutint que toute imposition
est monopole, quand elle n'est
pas prononcée par l'autorité légitime, par une Loi revêtue de

toutes les formes que l'inftitution
du Gouvernement a prefcrites ,
que nos Souverains ont fi fouvent recommandées , & dont leur
gloire & leur intérêt leur crient
fans ceffe de ne jamais s'écarter.
J'écouterois avec un profond refpect cet oracle de la vérité , &
je lui rendrois, en la confeffant
hrutement , le plus pur hommage
qu'elle puiffe attendre. Oüi, tous
les bons Citoyens le publient de
même ; il faut une Loi qui autorife les corvées ; qui apprenne aux
Sujets que le Soüverain ne veut
& ne cherche que leur bonheur,
qu'il n'exige de leur amour pour
la Patrie que la contribution dont
chacun eft tenu fuivant fes forces & fes facultés , mais qui n'en
veut difpenfer aucun qui ne le
foit par l'ancienne Loi , afin que
le poids de l'impofition devienne
plus léger pour chaque Particulier , quand il fera réparti fur plus

de têtes. Les Intendans font les plus intéressés à la solliciter cette Loi, qui leur rendra la confiance des Peuples & portera le calme partout; jusques là il sera toujours triste pour ces Magistrats que leur obéissance les expose à la censure des sacrés dépositaires du droit commun, & que la calomnie du premier audacieux ose s'en faire un prétexte pour semer des Libelles contre leur probité. J'essaierai donc, moi, foible & inconnu, mais impartial & ami du vrai, Citoyen adorateur du bien public, & brûlant de zele pour le service de mon Prince; j'essaierai de crayonner les dispositions de cette Loi salutaire. Soumise à l'examen scrupuleux d'un Ministere éclairé, elle recevra de lui la lumiere, la force & la dignité que je ne pourrois lui donner; & l'acclamation des Peuples en bénira la promulgation.

On met donc très injuſtement
la corvée des chemins au rang
des cauſes de la dépopulation ,
puiſque ce n'eſt point par elle-
même qu'elle peut nuire , mais
uniquement par l'abus qu'on en
fait , ce qu'on peut dire des meilleurs Etabliſſemens. Ce reproche
peut être fait à la guerre, fléau le
plus deſtructeur dans nos climats
parcequ'il y eſt le plus fréquent ,
& que ſur cent hommes qu'il en-
leve à l'Agriculture il ne lui en
rend pas dix : il peut & doit
être fait à l'inſtruction gratuite,
qui rend le Payſan orgueilleux ,
inſolent , pareſſeux , plaideur , qui
lui fait regarder le travail avec
dédain , & l'incline à ſe tirer de
ſon état pour devenir Huiſſier ,
Clerc, Commis aux Aides & aux
Gabelles , ou à prendre le parti
du Cloître , au point que ſi l'on
recherchoit la généalogie de tous
les Moines & Religieux, on trou-

veroit que la Charrue en fournît plus de la moitié. C'eſt-là qu'on peut dire *hoc fonte derivata cla-des*. J'ai lû dans une critique fort aigre (*a*) de l'Eſprit des Loix, que *l'ignorance n'eſt bonne à rien*. Propoſition abſurde, qui contre-dit les faits au ſens propre & au figuré. Dans le premier, le bon-heur du bas peuple dépend de ſon ignorance, qui entretient en lui la pureté du cœur, par la ſimpli-cité de l'eſprit, & ne lui laiſſe contre les ennuis & les dégoûts de la vie, que l'heureuſe reſſour-ce du travail qui le nourrit. C'eſt pour lui que la ſageſſe a prononcé cette Sentence : *Beati qui littera-turas non cognoſcunt*. Dans le ſens figuré, l'Auteur n'avoit certaine-ment pas conſulté les Freres igno-rans; ils lui auroient appris que leur Inſtitut eſt le premier du monde dans l'art d'acquérir, & que ce Corps lourd écraſera dans

(*a*) Lettres Analytiques.

moins de cent ans celui des Sciences & de la belle éducation, fi
le Ciel permet qu'ils fubfiftent
jufques-là l'un & l'autre.

Le luxe eft auffi accufé à jufte
titre d'être un des plus grands
obftacles à la population ; mais
je n'ai lû nulle part que dans les
raifons qu'on en donne, on ait
fait entrer celle de l'inftruction
gratuite, quoiqu'elle foit un de
fes arcs-boutans, par la manie
qu'on a de ne plus engager aucun
Domeftique qui ne fache lire,
écrire & calculer ; d'où il fuit que
tous les enfans de Laboureurs fe
faifant Moines, Commis des
Fermes ou Laquais, il n'eft pas
furprenant qu'il n'en refte plus
pour le mariage ni pour l'Agriculture.

Mais loin que la corvée nuife
à la population, je foutiens qu'elle fera propre à l'encourager,
lorfque l'effroi de cet impôt fera

banni par la piété du Légiflateur, & que les Peuples l'envifageront d'un œil tranquille & ferein. La corvée entretiendra le Payfan dans l'habitude du travail , & l'empêchera pendant les faifons mortes , de fe livrer à la pareffe & au libertinage , deux caufes certaines de la dépopulation. J'entens toujours la corvée moderée , telle que l'établira la Loi que je propofe , & qui feroit digne du fuffrage public , quand elle n'auroit d'autre mérite que de réprimer le Commandement arbitraire , & de mettre les Peuples à portée de fe plaindre fi quelqu'un ofoit la violer.

En l'attendant avec toute l'impatience d'un homme qui fent vivement ce qu'il exprime de bonne foi ; j'oferai dire que pour le bien du Royaume , cette Loi devroit être générale pour toutes les Provinces. Je fuis bien éloi-

gné d'oppofer même le doute à
l'équité des Priviléges dont jouif-
fent les Pays d'Etats ; mais je ne
crains pas de leur manquer, en
foutenant qu'ils font foumis à la
Police générale du Royaume, &
que la Loi municipale n'a pas le
droit d'enfraindre celle du bien
commun. Qu'ils fe régiffent pour
l'impofition & la répartition des
charges, pour l'adminiftration
de leurs deniers &c. il n'y a dans
ces exceptions aucun inconvénient contre l'ordre général de
la Société ; mais que les Etats de
Languedoc, par une délicateffe
dont la bonté ne diminue pas les
effets pernicieux, ne veuillent
point ufer des corvées dans l'é-
tendue de leur Gouvernement,
tandis que la Bretagne & la Bourgogne les emploient ; qu'à l'ombre de ce Privilége qui rend ce
travail odieux dans les Généralités, on faffe attendre plus de

L v

trente ans des routes qui euſſent
pû être faites en ſix ou ſept années, & dont l'imperfection arrête tout court le Commerce de
trois Provinces; qu'il me ſoit permis de le dire, c'eſt une charité
mal entendue, & qui mérite d'ê-
tre avertie par le Magiſtrat ſuprême dont tous les Sujets ſont
également les enfans. Que ſous
le même prétexte d'une adminiſtration privilégiée, ces Etats ré-
duiſent à la largeur des ſentiers
celle des plus grandes routes ſans
y être autotiſés par le Légiſlateur,
l'ordre n'en ſouffre pas moins.
Mais je finis ſur ce Chapitre, ſachant qu'il me reſte encore à rendre compte des Ouvrages de
deux autres Départemens des
Ponts & Chauſſées.

CHAPITRE V.

Des Ouvrages du Pavé de Paris, & des moyens qu'on y emploie.

ON ne se sert que de Pavé de grès pour les rues de la Capitale, & on y en emploie de trois qualités : le plus dur se tire des Carrieres de Pontoise, Sergi, Meri & autres lieux situés au Couchant de Paris. Celui de la seconde sorte se prend à Orsai, Palaiseau & autres Cantons du Midi. Le moins dur, & parmi lequel il s'en trouve beaucoup de tendre, vient de la Forêt de Fontainebleau ou d'autres Carrieres du confluant de la Seine au Levant. Le premier appartient aux rues les plus passantes, où aucune autre matiere ne sauroit résister; mais cette dureté empêche qu'il

L vj

soit taillé aussi régulierement que
les autres : le second est plus
franc, se fend mieux, & consé-
quemment est plus beau, mais il
dure moins ; on le destine aux
rues du second ordre : on met le
dernier sur les passages qui sont
le moins fréquentés. Ce Pavé seroit le plus commode qu'on pût
souhaiter, s'il étoit possible d'assujetir les Carriers à le bien équa-
rir, & les Paveurs à le ferrer davantage. Il faut croire, après toutes les précautions qu'on prend
pour réussir à l'un & à l'autre,
qu'il est hors de toute espérance
qu'on en vienne jamais à bout,
& la raison en est toute naturelle, puisqu'elle se trouve dans l'intérêt des Ouvriers. Celui des Carriers est de fournir beaucoup de
Pavés, parcequ'ils les vendent
au cent ; celui des Paveurs est,
tout au contraire, d'en employer
peu, à cause qu'ils travaillent à

la toife , & que plus les joints
font larges plus l'ouvrage coure ,
le vuide faifant autant de fuperficie que le plein : il arrive cependant que ces deux défauts font
les caufes principales , & de l'immenfe quantité de Pavés neufs
qui fe confomment à l'entretien,
& de la promptitude avec laquelle
ils s'arrondiffent ; les joints en
font fi grands , que les roues des
voitures limant les bords des Pavés les ufent bientôt , & qu'alors
la fuperficie devient d'un gliffant
fur lequel les gens de pié ne peuvent tenir quand elle eft humide ,
ni les chevaux dans les tems fecs:
malgré cela on prétend qu'il n'y a
pas de Ville au Monde auffi bien
pavée que Paris , ni où la Police
porte fi loin les attentions fur
cette partie. Ce qu'il y a de plus
difficile & de plus effentiel à obferver , ce font les niveaux de
pente , pour prévenir l'engorge-

ment des égoûts dans les tems de
pluie. Paris s'étant aggrandi piece à piece, ainsi que Rome, chacun s'est assujetti dans les commencemens à la situation naturelle du terrein, sans trouver aucun obstacle dans la Police, qui
pour lors existoit d'autant moins
à cet égard, qu'avant Philippe
Auguste il n'y avoit point de Pavé ; ceux qui ont bâti à la suite
des premiers ont été forcés de se
regler sur leur exemple, & insensiblement ce défaut devenu général, est aussi devenu incorrigible,
& en a produit un second, en
ce que les Propriétaires de l'hé-
ritage inférieur cherchant à se
garantir des eaux de celui qui les
dominoit, ont rehaussé le plus
qu'ils ont pû les seuils de leurs
portes. On a remédié autant que
le local l'a permis à ce dernier
inconvénient ; mais la crainte des
puissans, ou la complaisance,

n'ont fait que trop d'exceptions
à la regle de fuivre indiftinctement , dans toutes les rues , le
niveau de pente fur toute leur
largeur , & de n'y laiffer aucun
de ces heurts dangereux , qui ne
fe bornent pas à renvoyer les eaux
fur les maifons oppofécs , mais
qui peuvent occafionner la nuit ,
& la chûte des Paffans , & le ver-
fement des voitures.

Nous devons préfumer que le
premier Pavé de Paris fût fait
aux dépens des Propriétaires des
Maifons , proportionnément à
leurs *devantures & faces* , comme
on s'exprime encore aujourd'hui ,
du moins n'ai-je rien trouvé qui
contredife cette opinion. Le
Commiffaire Lamarre qui, dans
fon Traité de la Police , paroît
avoir épuifé les recherches fur
cette matiere , rapporte un paffage de Rigord , Médecin & Hif-
toriographe de Philippe Augufte,

qui contient précifément , que
l'an 1184, „ ce Prince ne pou-
„ vant réfifter aux infupportables
„ exhalaifons qui fortoient des
„ immondices des rues , & qui
„ pénétroient jufques dans fon
„ Palais , ordonna au Prevôt de
„ Paris, de faire paver de pier-
„ res dures toutes les rues & tou-
„ tes les Places publiques de la
„ Ville. Mais ce paffage n'apprend
point fur quels fonds la dépenfe
de cet ouvrage fut prife ; il laiffe
au contraire quelque doute que
ce fût fur les Bourgeois , „ par-
„ cequ'elle étoit fi forte que cette
„ feule confidération avoit em-
„ pêché les Rois prédéceffeurs de
„ l'entreprendre. Il faut donc recourir à l'ufage, le meilleur in-
terprete des Loix , quand l'Hiftoire ni les Regiftres publics n'en
ont pas confervé la lettre, & conclure que cet ufage qui fubfifte
encore, n'ayant point varié dans

les tems subséquens à Philippe
Auguste, il fût le même à l'origine du Pavé.

Nous ne sommes pas dans la
même incertitude à l'égard de
l'entretien. Il fut d'abord mis &
resta pendant plus de deux siecles à la charge des Propriétaires ainsi que le nettoiement des
rues ; mais ce service ayant été
négligé par cette raison qu'il étoit
à leur charge & à leurs soins, le
pavé tomba dans le dépérissement. Les guerres qui troublerent l'Etat pendant le regne de
Charles V, aggraverent le mal au
point que Charles VI fût obligé
de rendre le premier Mars 1388
des Lettres Patentes pour rétablir l'ancienne regle. Elles enjoignoient au Prevôt de Paris de
contraindre tous les Habitans,
chacun en droit soi, sans aucune
distinction de rang, noblesse, autorité ni privilége, à l'enlevement

des boues & immondices, & à
la refection du Pavé, à la feule
exception des lieux & places qui
étoient à la charge du Domaine,
& de la Ville ; mais les Princes,
» les Seigneurs Haut-Jufticiers,
» & les gens d'Eglife, furent les
» premiers à interrompre ce bon
» ordre. Ils prétendirent être pri-
» vilégiés & exempts de la contri-
» bution au Pavé : il y eût à ce
» fujet beaucoup de Procès dont
» le Parlement fut faifi ; mais
» comme dans le cours des con-
» teftations le Pavé étoit aban-
» donné, M. le Procureur Gé-
» néral eut recours au Roi. » Ce
Prince, par de nouvelles Lettres
du 5 Avril 1399, plus preffantes
que les premieres, réitera les mêmes injonctions, même contre
les gens d'Eglife défaillans, dont
il ordonna que le temporel feroit
faifi.

On diftinguoit alors le Pavé

des rues , qui étoit à l'entretien
des Bourgeois, de celui des Chauffées des avenues de Paris & de
la Banlieue ; le produit du barrage avoit été deftiné de tout tems
à l'entretien de celui-ci ; mais par
un abus qui feroit incroyable s'il
n'y avoit que trop d'exemples de
tous les genres d'infidélité , le Vi-
fiteur du Pavé qui avoit la dif-
penfation du produit de ce droit ,
en étoit le Fermier , au moyen de
quoi toutes les tromperies qui peuvent mafquer un ouvrage & le rendre vicieux , tomboient fur celui-
ci. Elles font rapportées dans une
Déclaration du 28 Mai 1400 ,
par laquelle le même Prince ré-
prima cette Criminelle adminiftration.

La dépenfe du Pavé des rues ,
des Chauffées d'avenue & de la
Banlieue de Paris fe prenoit donc
fur quatre natures de fonds. 1e.
Sur ceux du Domaine , pour ce

qu'on nommoit la croisiere, qui comprenoit une assez grande étendue. 2°. Sur l'Hôtel-de-Ville pour les Places & Quais qui la regardoient. 3. Sur les Bourgeois pour les rues. 4. Sur le barrage pour les Chaussées des abords & la Banlieue.

Cet arrangement subsista jusqu'en 1609, auquel tems Henri IV pourvut de fonds suffisans, tant à l'entretien du Pavé qu'au nettoiement des rues, & déchargea les Bourgeois de leurs engagemens.

Mais Louis XIII, par une Déclaration du 9 Juillet 1637 rétablit la contribution des Habitans sous une autre forme, en la leur faisant payer en deniers, suivant les rôles des taxes qui en devoient être arrêtés par les Juges ; appellés avec eux deux Bourgeois de chaque Quartier.

Enfin, par Arrêt du 21 Août

1638, & un Edit du même mois, le Roi augmenta les anciens & nouveaux droits du barrage qui se perçevoient aux portes, & ceux dont la Ville jouïssoit sur les avenues des Chaussées de Paris, les unit & les incorpora tous ensemble, & en destina le produit à l'entretien du Pavé ; par où le Domaine, la Ville & les Propriétaires des Maisons furent tous déchargés de cette dépense, & les choses sont toujours demeurées depuis ce tems-là dans le même ordre. J'ai extrait tout ce précis du Traité de la Police, déja cité, mais je dois y ajouter qu'il y a quelques exceptions à cette décharge générale : les banquettes des Quais, Ports & Ponts sont à la charge du Domaine & de la Ville, & les Cloîtres à celle des Chapitres. Il n'y a plus d'autre distinction.

Les Chaussées des Banlieues

font comprifes dans le même bail,
faites & entretenues du même
Pavé ; non-feulement à caufe que
le grès y eft plus commun que
toute autre matiere ; mais encore
parcequ'elle eft d'un plus facile
entretien fur des paffages auffi
fréquentés que les abords de la
Capitale, où fouvent les voitures
fe touchent : j'ai pourtant oui-
dire que depuis quinze à vingt
ans, on avoit conftruit une Chauffée de cailloutis entre Paris &
Verfailles, & qu'elle avoit été
rendue très folide.

Quoique le bail dont je viens
de parler ne foit caufé que pour
l'entretien, on y emploie en dépenfe deux mille toifes de Pavé
neuf, dont la deftination eft ré-
fervée au Miniftre ; ce Pavé fert
ou à faire de nouvelles communications dans la Banlieue pour
l'approvifionnement de Paris, ou
à élargir les Chauffées des abords,

étant tout naturel qu'elles foient plus amples que hors des Banlieues où le concours des voitures est infiniment moindre.

Sans vouloir d'une magnificence outrée comme celle des Romains pour les avenues de la Capitale, je fouhaiterois qu'elles fuffent uniformes dans le cours d'une lieue fur toutes les grandes routes, & reglées fur le modele de l'avenue Saint Denis, c'est-à-dire plantées d'un double rang d'arbres, & terminées par un bel arc, accompagné de deux portes latérales, comme ceux des portes Saint Denis & Saint Martin, avec cette différence que ceux-ci feroient fermés de grilles, à l'exemple de la Barriere de la Conférence & non de ces planches groffieres qui refpirent la baffeffe & la pauvreté d'un Village, & doivent exciter la raillerie des Etrangers. *Hæccine eft urbs di-*

centes filia magni Regis. On pourroit même se réduire à de simples grilles de fer comme à la barriere qui conduit à l'Etoile du
Cours , & alors il seroit facile
de trouver sur-le-champ le fonds
de cette dépense , sans qu'il en
coûtât rien à la Ville déja sur-
chargée ; au Domaine , ni à l'E-
tat : il n'y auroit qu'à l'imposer
aux Fermiers Généraux par forme de pot-de-vin , comme une
charge très juste de la jouissance
d'un Domaine qui les enrichit :
je sais que cette proposition a été
faite il y a près de trente ans ;
mais c'étoit alors le puissant regne de la Finance, & le Ministere la refusa ; si néanmoins il est
vrai que l'opulence des meubles
& la dignité (a) intérieure du Palais d'un grand Roi imposent aux
Etrangers qui viennent le voir ,

(a) Testament politique du Cardinal de Richelieu. ch. VII.

quel

quel effet ne doit pas faire fur
eux un premier abord qui annonce fa puiſſance ? Celui de Verſailles eſt dans ce cas : il ſe ſent de
la grandeur de Louis XIV , qui
la répandoit ſur tous ſes ouvrages ; mais quelle route entre l'a-
venue & Paris ! partout hors du
Village deSévre elle devroit avoir
ſoixante pieds de largeur entre
quatre rangs d'arbres. La ſource
de Chaville qui forme un Ruiſ-
ſeau , pourroit être conduite par
un Canal qui ſerviroit de décharge aux Etangs de Verſailles, &
ſe jetteroit dans la Seine par
l'embouchure d'un Aqueduc. La
montagne qui eſt entre Sévre &
Chaville étant applanie , fourniroit aſſez de terres pour adoucir
ſes rampes des deux côtés. A Sévre un vaſte abord en demi-lune
ouvriroit l'entrée à un Pont magnifique , orné de trotoirs & de
ſupports pour des lanternes : de

M

la fortie de ce Pont , un feul alignement conduiroit jufqu'à la
Savonnerie , en reculant les murs
des bons Hommes ; & cet alignement du Pont à la naiffance du
Quai de Chaillot , feroit bordé
de deux rangs d'arbres , tant fur
le terre-plein que fur la levée.
O Paix ! favorable Paix ; venez
fournir à notre nouveau Colbert,
les moyens d'exécuter ce grand
projet ; c'eft à un pareil ouvrage
qu'on pourroit occuper des troupes raffemblées , pendant qu'on
attacheroit les pauvres valides à
la Montagne de Saint Germain,
& les Criminels à la defcente dans
Fontainebleau.

CHAPITRE VI.

Des ouvrages des Turcies & Levées.

SI tout ce que j'ai dit dans la premiere Partie de cet Essai sur les Turcies & Levées , prouve leur antiquité , cette antiquité ne prouve pas moins qu'il ne faut être surpris ni de la mauvaise disposition de cet ouvrage , ni des vices de sa construction ; l'ignorance de ces siecles reculés étoit extrême en ce genre : celle des tems qui leur ont succedé jusqu'à M. Colbert , n'étoit pas moindre dans les hommes à qui la direction de ces travaux étoit confiée ; & par une fatalité qui n'est que trop commune , cette ignorance a prévalu encore dans la suite des tems sur les lumieres

M ij

des hommes d'art attachés à ce Département; au moyen de quoi tout
ce qu'on y avoit fait jufqu'en 1733
pour garantir des inondations le
plus beau , dit - on , & un des
plus fertiles Pays de la France,
étoit précifément la caufe qui les
rendoit mille fois plus ruineux
qu'ils ne l'euffent été s'il n'y avoir
point eu de Levées. Tout ce que
je dirai fur ce fujet fera tiré d'un
mémoire fait de main de Maître , qu'un Ami m'a communiqué , & au ftyle ni à l'ordre duquel je ne changerois rien , s'il
pouvoit quadrer au plan & à la
précifion de cet écrit.

Il n'eft pas douteux que le
Commerce n'ait été le premier
objet des ouvrages conftruits dans
le lit & fur les bords des Rivieres de Loire & d'Allier. La quantité prodigieufe de fable qu'elles
entraînent dans leurs crues y auroit rendu la navigation impof-

fible ou d'une extrême difficulté,
fi en reſſerrant leurs lits on ne
les avoit forcées à pouſſer & à
emporter néceſſairement dans
leur état ordinaire, une partie
des ſables qu'elles apportent par
leur gonflement; c'eſt pour cela
que dans l'étendue de l'Allier &
dans la partie de la Loire au-deſſus de Gien, on s'eſt borné de
tous les tems à ne faire que les
ſeuls ouvrages qui peuvent aſſu-
rer la navigation : les Vallées où
elles coulent ſont étroites, la
Plaine de part & d'autre d'une
médiocre largeur, & l'on s'in-
quiete d'autant moins de l'inondation des Pays ſitués ſur leurs
rives, que les bords en ſont élevés de dix à quinze & ſeize pieds
au-deſſus des baſſes eaux; d'ailleurs ces Rivieres, la Loire principalement, dépoſent ſur les terres qu'elles inondent un limon
qui les fertiliſe & qu'on nomme
Laye.   M iij

Au-deſſous de Gien & juſqu’à
Angers, la même raiſon du Commerce exigeoit plus d’ouvrages
pour reſſerrer le lit de la Loire,
beaucoup plus large dans cette
partie ; à cet intérêt ſe joignoit
celui de conſerver les biens de la
terre, d’autant que les bords du
Fleuve y ſont peu élevés au-deſſus
des baſſes eaux , & que les moindres crues inondant des Plaines
immenſes , faiſoient perdre des
fruits d’autant plus précieux,que
la *Laye* bienfaiſante dépoſée par
chaque crue fécondoit prodi-
gieuſement les terres. Si les pé-
riodes de ce bienfait euſſent été
auſſi heureuſement reglés queceux
du débordement du Nil , il eût
été de l’intérêt des Propriétaires
Riverains , qu’on aſſujetît la hauteur des levées au ſeul uſage de
la navigation , & que leurs héritages expoſés à l’inondation lorſqu’ils n’étoient pas enſemencés ,

leur euſſent promis une moiſſon
plus abondante ; mais par mal-
heur, ces inondations n'arrivent
communément qu'aux mois de
Mai ou de Juin, enforte qu'à la
veille de la récolte ce Païs étoit
entierement ſubmergé. La com-
miſération pour les Peuples &
l'intérêt de l'Etat, firent regler
la hauteur des levées à quinze
pieds, ſans aucune diſtinction
ni de la largeur du lit ni de ſes
pentes. Tel étoit leur état à la
fin du ſiecle paſſé, pendant le
cours duquel elles avoient ſouvent éprouvé des ruptures qui firent des déſordres prodigieux.

On s'apperçut enfin, après un
ſemblable accident ſurvenu en
1706, que la Loire n'avoit pas
entre les Levées l'eſpace que pouvoit occuper ſon volume dans le
tems des grandes crues ; mais au
lieu d'en conclure que la reſtitu-
tion de cet eſpace étoit le ſeul

remede convenable , on fe déter-
mina après bien des réflexions ,
fur lefquelles les Ingénieurs feuls
ne furent pas écoutés , à exhauf-
fer de fix pieds les Levées , ce
qui les portoit au total à vingt-
un pieds , & raffuroit mal-à-propos le Public contre les plus grandes crues , qu'on n'avoit vû monter qu'à dix-huit pieds.

A cette précaution on ajouta
celle de former des déchargeoirs
de fuperficie à quinze pieds de
hauteur au-deflus des baffes eaux
d'Eté ; mais outre qu'on les conftruifit miférablement , on ne leur
donna que cent toifes de longueur , ce qui ne fuffifoit pas dans
les tems de crue à détacher du
volume principal de la Loire une
cinquantieme partie.

Les Levées étoient dans cette
fituation en 1733 , lorfqu'une
crûe arrivée au mois de Mai , fit
des ravages affreux dans la Tou-

raine, tant par une infinité de brêches que par la démolition de ces fragiles déchargeoirs. Sur le rapport qu'on avoit fait au Gouvernement dès 1727 du péril continuel où étoient les Provinces que baigne la Loire, tant par la mauvaise disposition des Levées que par l'infidelité avec laquelle étoient exécutés les ouvrages qui leur servoient de défense & de revêtement ; la Direction avoit formé la plus forte résolution d'y remédier autant que la prudence humaine & les secours que le Roi accordoit à ce Département pourroient le permettre : on avoit pris le parti d'ordonner que cette Carte dont il a été parlé au Ch. VIII de la premiere partie fût levée, alors on fit dresser par le célebre Ingénieur attaché à cette matiere, un Mémoire exact des causes auxquelles il falloit attribuer tant de calamités, & il les

M v

trouva telles que je les ai rendues
en abrégé.

Il seroit inutile de raisonner
ici sur l'aveuglement qui pendant
tant de siecles a fait ajouter faute
sur faute , & vice sur vice dans
ce Département; mais il ne doit
pas l'être de dire qu'on a reconnu en 1733 , par une expérience
faite au-dessus de la Charité ,
qu'il étoit très facile de calculer
exactement comme on l'a fait ,
tout le volume d'eau que la Loire
grossie par l'Allier peut donner
dans ses plus grandes crues , &
de déterminer sur ce repaire
quelle devoit être la hauteur des
Levées aux endroits où il étoit
possible & nécessaire d'en construire , en conciliant ces vûes
générales avec la situation de
quelques Villes au bord de la
Riviere & avec l'étendue des arches des Ponts dont elle est tra-
versée. Il étoit aussi aisé en con-

sultant la pente naturelle du terrein, de les disposer de telle façon qu'elles ne pussent être dé-
gradées : mais toutes ces attentions n'ayant pû vraisemblablement être faites jusqu'au dix-sep-
tieme siecle par l'ignorance des
précédens ; il seroit inconcevable
que même pendant le Ministere
de M. Colbert, tant d'intérêts
réunis n'eussent pas inspiré la
moindre curiosité de faire cette
épreuve, dont la facilité saute aux
yeux, si je n'avois annoncé à quel
genre d'inspection une partie si
essentielle étoit confiée : du moins
devoit-on reconnoître en 1706
la source du mal, & si pour lors
on s'étoit déterminé à détruire
les Levées nuisibles ; à reculer celles qui resserrent trop le lit de la
Riviere, & à donner à toutes la
hauteur relative aux principes
d'où on seroit parti, je suis très-
persuadé que cette hauteur à ja-

mais invariable, n'auroit pas coûté jufqu'à préfent les fommes immenfes qu'on a dépenfées à réparer les accidens arrivés par l'ignorance & l'infidelité. Il n'eft plus tems, l'entreprife feroit trop confidérable pour ne pas effrayer, & peut être trop longue pour réuffir ; quoiqu'en matiere d'Etat le courage qui enfanteroit un femblable projet fût plus digne de louange que de foupçon de témérité : le principe reconnu au point où il l'eft, les lumieres du génie portées au degré où elles font ne pourroient-elles pas produire des plans certains des emplacemens & des difpofitions qu'il faudroit donner aux nouvelles levées dans les endroits les plus preffans? Leur éloignement des anciennes qui pourroient fubfifter feroit-il partout fi confidérable qu'on ne pût les coudre ? Je ne m'étendrai pas davantage sur cette idée, persuadé que si elle avoit quelque lueur de convenance & d'utilité, elle seroit bientôt cavée à fond par de meilleures têtes que la mienne.

Les ouvrages qu'on fait depuis trente ans pour garantir les Levées, sont réduits je crois, autant que je l'ai oui dire, à des revêtemens de pieux, charpente & maçonnerie, qu'on nomme *percés avec bâtis ou sans bâtis*, crêches & autres, dont le seul dessein ou un devis en forme, peuvent seuls faire entendre les différentes constructions : on y faisoit autrefois des murailles, des talus & autres ouvrages déplorables qui ne pouvoient résister aux moindres efforts de l'eau.

On fait aussi des Pavés à la superficie ; mais plus ordinairement on n'y met que des ensablemens.

Fin de la seconde Partie.

ESSAI
SUR LA VOIRIE,
ET LES
PONTS ET CHAUSSÉES
DE FRANCE.

TROISIEME PARTIE.
DU DROIT QUI REGIT LES PONTS ET
CHAUSSE'ES ET DES FORMES QU'ON Y SUIT.

CHAPITRE PREMIER.
De la Jurisdiction de la Voirie.

PARMI les accusations qui ont dégradé la mémoire de Justinien, on n'a pas oublié l'inconstance

& la contradiction de ses Loix (a).
Un Auteur illustre de nos jours
observe que la Jurisprudence a
plus varié en quelques années sous
cet Empereur , qu'elle n'a fait
parmi nous dans les trois derniers
siecles de la Monarchie : il auroit
dû, ce me semble , excepter de
cette proposition notre Jurisprudence de la Voirie , n'y en ayant
pas qui ait éprouvé autant de
changemens , ni qui soit plus propre à soutenir le pour & le contre
sur la même question : ce que j'en
ai dit jusqu'à présent donne lieu
de n'en point douter ; ce qui m'en
reste à dire le démontrera , &
c'est ce qui me fait souhaiter si
ardemment une Loi générale ,
qui fixe invariablement nos idées
& nous fasse marcher droit au
bien public , en levant tous les
obstacles qui s'opposent à la réparation des chemins.

(a) Grandeur & décad. des Romains , ch. 20

Le Département des Ponts &
Chauffées, tel que je l'ai décrit,
est la Voirie elle-même, prife au
fens le plus général & le plus
compofé, puifqu'il embraffe fa
direction principale & particuliere, la conftruction, l'entretien
& l'infpection des édifices qu'elle
a pour objet, leur confervation
contre les délits ; enfin tout ce
qui peut intéreffer la manutention de l'ordre & de la difcipline : mais prife au fens propre dans
lequel je dois maintenant la traiter, la Voirie demande une définition plus précife ; c'eft alors
une portion de la police de l'E-
tat, dont l'adminiftration appartient au Souverain comme un at-
tribut effentiel de la Seigneurie
publique.

Je crois cette définition exacte, elle eût du moins été jugée
telle au Tribunal du Peuple Ro-
main, qui n'admit jamais de par-

tage dans fon autorité ; mais il
n'eft pas encore décidé qu'elle
foit fuffifante pour nous, parcequ'on prétend que nos Rois ont
cedé aux grands du Royaume &
par contre-coup à de petitsSujets,
une portion de cette Seigneurie
publique pour la direction des
chemins. L'opinion univerfelle
où l'on eft que la Monarchie incline beaucoup plus à étendre fes
droits qu'à les reftraindre, rendroit incompréhenfible que les
Conquérans des Gaules & leurs
Succeffeurs euffent fait cette breche à leur puiffance, fi l'Hiftoire
ne nous avoit confervé les preuves d'une fingularité fi furprenan-
te. Comme cet évenement eft la
fource de toutes les conteftations
qui fe font élevées fur l'exercice
de la Voirie, & qui ont enfanté
des queftions épineufes dont la
folution embarraffe les plus fa-
vans, j'en tirerai la narration

d'un Jurisconsulte (a) célebre qui
a traité cette matiere à fond, sans
que je veuille par-là garantir l'e-
xactitude de son rapport, d'autant qu'il ne l'appuie sur aucune
autorité , & que l'arrangement
méthodique qu'il y met n'est pas
vraisemblable. En effet , l'Histoire justifie d'un côté que les
Francs n'ontpas conquis si promptement toutes les Gaules ; & de
l'autre , elle ne nous apprend rien
sur la maniere dont on fit le partage des terres après la conquête.
L'opinion la plus commune (b),
est qu'ils en garderent les deux
tiers , & qu'ils laisserent le sur-
plus aux Naturels du Pays , à
l'exemple des Bourguignons &
des Visigots qui s'y étoient établis avant eux ; d'ailleurs Clovis
ne conquit pas à main armée tous
les Peuples qu'il rangea sous son

(a) Loiseau , Traité des Seigneuries , ch. 3.
(b) L'Histoire du P. Daniel.

obéiffance ; il y en eût plufieurs
qui s'y foumirent volontairement,
& qui fans doute, firent par-là
leur condition meilleure : voici
cependant comme cet Auteur en
parle.

» Quand les François eurent,
» dit-il, conquis les Gaules, ils
» confifquerent toutes les terres
» des Vaincus, & hors celles
» qu'ils retinrent au Domaine du
» Prince, ils diftribuerent toutes
» les autres par climats & territoi-
» res aux principaux Chefs & Ca-
» pitaines de la Nation ; donnant
» à tel toute une Province à titre
» de Duché ; à tel autre un Païs
» de frontiere à titre de Marqui-
» fat ; à un autre une Ville avec
» fon territoire adjacent à titre
» de Comté ; bref à d'autres, des
» Châteaux ou Villages, avec
» quelque terrein à l'entour, à titre
» de Baronie, Châtellenie ou fim-
» ple Seigneurie, felon les méri-

» tes particuliers de chacun , &
» felon le nombre de Soldats qu'il
» avoit fous lui ; car c'étoit tant
» pour eux que pour leurs Soldats.

Il obferve enfuite que cette diftribution fût faite à l'imitation de celle qu'ils trouverènt établie par les Romains: ceux-ci fe voyant hors d'état de réfifter aux invafions des Barbares, qui de tous côtés inondoient l'Empire , ne trouverent pas de reffource plus prompte ni plus fûre , pour garantir des incurfions continuelles des Francs & des Germains ce qui leur reftoit dans les Gaules, que d'en remettre les frontieres à la garde de leurs meilleurs Soldats , & de leur en donner la jouiffance , pour les exciter par leur propre intérêt à les défendre plus vaillamment ; mais ils ne leur accorderent cet ufufruit que par forme de bénéfice , & pour le tems feulement pendant lequel

ils continueroient de fervir ; au
lieu que nosSouverains donnerent
tout , & le donnerent en propriété , fans faire attention que tous
les Hommes deviennent ingrats
quand ils peuvent l'être impuné-
ment , & qu'ils oublient le bienfait , dès qu'ils font affez forts
pour fe paffer du Bienfaiteur. Il
eft vrai qu'en ne s'écartant pas
tout-à-fait de l'exemple des Romains , ils mirent d'abord à l'excès de leur libéralité deux conditions qui auroient pû en empêcher l'abus s'ils ne s'en étoient jamais départis ; l'une fût de donner les terres à titre de Fiefs relevans d'eux , c'eft-à-dire à la
charge du fervice militaire ; l'autre de réferver que les dons feroient amovibles à la volonté du
Souverain : mais bientôt ce qui
n'avoit été concedé qu'à tems in-
certain , fut accordé à vie, & fuc-
ceffivement à perpétuité ; enforte

que le Patrimoine de l'Etat devint celui de chaque Particulier.

A cette derniere faute, on ajouta celle de permettre que les Grands feudataires cédassent une partie de leurs possessions à titre de Fiefs relevans d'eux.

Quant aux terres qu'ils laissèrent aux Vaincus, elles furent soumises à un cens ou redevance annuelle.

Telle fut en France l'origine des grands Fiefs, des arriere-fiefs, des censives & de tout ce qui a formé avec le tems la Jurisprudence féodale ; labyrinthe impénétrable, dans lequel on dit que nous apprîmes aux Lombards à se conduire, & que nous aurions sagement fait de leur abandonner ; l'Etat en seroit plus riche, si les titres n'avoient pas amoncelé les propriétés ; si les terres n'étoient chargées que du tribut envers le Prince, & qu'il n'y en

eût point d'exemptes de cette
commune contribution.

Quoi qu'il en foit , il arriva que
les Serfs & les Vaffaux étant toujours fous les yeux de leurs Seigneurs & toujours éloignés du
Souverain ; ne le voyant jamais
qu'à la guerre , & n'étant point
à portée de fe faire entendre de
lui , s'habituerent facilement à ne
reconnoître d'autre Maître que
le Sujet qui les commandoit ; c'en
étoit déja beaucoup trop contre
la puiffance fuprême , mais le mal
fût porté à fon dernier période,
par l'ufage où étoit la Nation
d'attribuer aux Officiers qui com-
mandoient à la guerre, la fonction de rendre la Juftice. Cette
prérogative fe trouvant jointe dé-
formais à la dignité des Fiefs , il
fut facile de les confondre dans
la perfonne des Seigneurs ; quoique dans l'effence des attributs
il n'y eût rien de plus diftinct ,

puisque le Fief étoit tenu à titre
de propriété , & que le commandement des armes ainsi que l'administration de la Justice avec
tout ce qui en dépend , ne pouvoient être tenus qu'à titre d'office ; même de charges & de devoir envers le Prince : mais la cupidité trouve toujours des pré-
textes pour envahir & des raisons
pour justifier ses forfaits. Tant
que les Seigneurs mériterent le
nom de *Fideles*, l'Etat ne s'apperçut point des maux qui pouvoient
naître de cette union de la Justice à la propriété des Fiefs ;
quand devenus puissans ils mé-
connurent ouvertement l'autorité légitime , l'Etat dut sentir vivement le vice de cette institution , qui non-seulement l'éner-
voit en divisant sa puissance ,
mais qui alloit le déchirer par des
guerres civiles d'autant plus cruel-
les que la semence en étoit répan-
due

due sur toute la surface du Royaume : les Seigneurs prétendirent ,
& le soutinrent à main armée ,
que la Justice étoit inhérente à
leurs Fiefs ; qu'ils avoient droit
de la rendre en leurs noms , sauf
la foi & l'hommage qu'ils en devoient au Roi , & qui n'étoit déja
plus qu'une forme : bien-tôt ils
traiterent avec lui de Couronne
à Couronne , & l'on vit s'élever
autant de Souverains qu'il y avoit
auparavant d'Officiers du Palais.
Dans cet ébranlement violent de
la Monarchie chaque Usurpateur
fit des Reglemens à son gré : la
Loi commune ne fut plus écou-
tée , & delà vint cette surpre-
nante multiplicité de Coutumes
dont la différence feroit croire à
un Etranger que les Peuples qui
les suivent ne vivent pas sous un
même Gouvernement, puisqu'ils
ne reconnoissent pas les mêmes
Loix.

N

La Voirie eut encore plus de part au défordre que les autres parties de la Juftice : quand on cherche la nature de cette Jurifdiction dans les veftiges obfcurs que ces bizarres Coutumes nous en ont confervés, on ne peut pénétrer fi c'eft le Tribunal qui a donné fon nom à la Voirie, ou fi c'eft la Voirie qui a donné le fien au Tribunal.

Si cette révolution eût entraîné à fa fuite la ruine entiere de la Monarchie, il ne feroit pas furprenant que les Peuples qui s'étoient foumis à des Loix particulieres y fuffent reftés affujetis, ni que ces nouveaux Maîtres euffent joui de leur puiffance auffi pleinement que fi elle avoit été légitime, puifque cette force même leur auroit tenu lieu de droit, & qu'à tout prendre elle ait été dans tous les tems le titre le plus ordinaire de la Souverai-

neté ; mais la Couronne de France ayant toujours fubfifté depuis
la conquête , & nos Rois de la
race regnante, ayant (*a*) » par
» une fuite de prudence dont ils
» ne s'écarterent jamais, regagné
» infenfiblement tout ce qui avoit
» été ufurpé par les Seigneurs, «
on ne comprend pas qu'ils n'aient
point effacé jufqu'aux dernieres
traces du pouvoir qui avoit été
fi funefte à leurs Prédéceffeurs ;
je veux dire qu'ils n'aient pas ré-
voqué folemnellement toutes les
prérogatives des Fiefs , dont la
feule apparence pouvoit choquer
le pouvoir fuprême comme celle
de la Juftice , & de la Juftice tenue en propriété ; ni qu'au lieu
de profcrire ces Coutumes, fruits
de la barbarie dont la plûpart
obftruent le Commerce & s'op-
pofent à la population par un injufte partage des biens, i.s aient

(*a*) Hiftoire Chronologique de France.

N ij

jugé à propos de les autoriser en les vivifiant dans leurs Parlemens. Sans doute les circonstances des tems les ont forcés à ces Actes de complaisance, contraires à leurs intérêts & à celui de l'Etat; mais c'est toujours par-là qu'ils ont fait renaître dans l'esprit des nouveaux Seigneurs l'idée de se croire parfaitement subrogés aux anciens, & de regarder leur Justice *comme un bien patrimonial*, qui leur donnoit droit à la Seigneurie publique. Ce préjugé s'est tellement accrédité, surtout depuis que les Fiefs ont été regardés comme compatibles avec le Sacerdoce, qu'il n'y a point de matiere dans la Jurisprudence sur laquelle les Jurisconsultes se soient tant excercés, ni qui ait plus partagé leurs sentimens : il passe néanmoins pour constant, & c'est une maxime généralement (a) re-

(b) Bacquet, des droits de Justice, ch. 4,

que en France , « *que la Justice* « *& le Fief n'ont rien de commun* « *ensemble* , & qu'aucun Seigneur « ne peut prétendre Justice en « aucun Fief sans titre particu- « lier , concession ou permission « du Roi ou de ses Prédécesseurs « Rois de France. » A l'égard de la Voirie , qu'elle fasse ou non , partie de la Justice , car c'est encore une question, on croit qu'elle appartient au seul Souverain comme étant du ressort de la Police générale : on cite au soutien de cette opinion , les Loix Romaines qui (*a*) mettent la Voirie au rang des droits régaliens dont la propriété ne peut être cédée qu'en cedant la Souveraineté.

Ceux au contraire qui défendent la cause des Seigneurs , soutiennent que le droit de Justice

_____

(*a*) Viæ publicæ de regalibus sunt, sive juribus ad Regem pertinentibus. Leg. 2. §. Viam publicam , ff. de via publ.

N iij

eft propre à leurs Fiefs, & que
la Police dont la Voirie eft une
des principales portions, faifant
partie de leur Juftice, ils ont
droit de la faire exercer fur tous
les chemins fitués dans l'étendue
de leurs Domaines. Loyfeau, entr'autres prenant l'affirmative de
cette propofition, ne doute point
que les Seigneurs n'aient *en propriété* cette portion de la Seigneurie publique, qui leur donne le
droit de nommer des Juges pour
l'exercer, de même que celui de
faire des Reglemens, pourvû
qu'ils fe conforment à la Police
générale du Royaume ; mais il
ne fonde fon avis que fur l'ufurpation des anciens Seigneurs, qui
n'étant d'abord qu'Officiers du
Prince, s'emparerent enfuite de
la Seigneurie publique. N'eft-il
pas permis de douter que l'ufurpation puiffe faire un titre du Sujet au Souverain ? Je reviens à mon

SUR LA VOIRIE. 295
argument. La Monarchie Françoife a été démembrée, prefqu'entierement dépouillée, mais jamais
diffoute ni détruite : l'Etat eft
toujours refté dans fes droits envers les Ufurpateurs ; & il n'a jamais ceffé de faire valoir ces
droits, quand il a eu la force néceffaire pour les foutenir. Si donc
les Seigneurs n'oppofoient que
l'ufurpation de leurs Prédéceffeurs , leur caufe ne feroit pas
même colorée d'un prétexte ap-
parent ; mais ils alléguent les con-
firmations de nos Rois, depuis
la réunion des Domaines ufurpés , des reconnoiffances fans
nombre dans les Ordonnances &
les Edits , & enfin de nouvelles
conceffions avec les mêmes prérogatives. C'eft de-là que Bacquet (a), déja cité, & de qui le
fentiment eft d'un grand poids ,
fait dépendre la raifon de déci-

(a) Traité des droits de Juftice, ch. 28.

N iv

der. Il dit nettement que le Haut-Jufticier n'a point droit de Voirie, s'il n'en a le titre, ou une poffeffion immémoriale.

On feroit un gros volume du feul extrait des différens Auteurs qui ont agité cette queftion, & l'on fent bien que dans l'indécifion où elle eft reftée, il ne me conviendroit pas de prendre parti. Si je fuivois mon fentiment je donnerois au Roi le droit entier fur la voie publique, avec l'exercice exclufif de ce pouvoir fur tous les grands chemins : aux Seigneurs le droit précaire comme l'exerçant fous l'autorité du Souverain, fur les chemins vicinaux feulement; mais en ne leur laiffant que la liberté de lui préfenter des Juges, je voudrois que celui qui feroit agréé par le Prince fût tenu de prendre l'attache du Juge Royal après avoir fubi fon examen. Je vois que le plus grand nombre des Savans s'eſt réuni au fonds de cet avis, & que la Juriſprudence du Conſeil s'y rapporte, avec ces deux différences à la vérité fort eſſentielles, qu'il laiſſe le droit de Voirie aux Seigneurs comme propre & patrimonial, de même que la nomination de leurs Juges. Du reſte, il donne au Roi la Juriſdiction entiere ſur les grands chemins, & aux Seigneurs celle des chemins vicinaux, en leur impoſant l'obligation de ſe conformer aux Reglemens de la Police générale du Royaume ; c'eſt donc en conſéquence de cette Doctrine que je vais diviſer la Juriſdiction de la Voirie en deux parties, l'une Royale, l'autre Seigneuriale.

CHAPITRE II.

De la Voirie Royale.

IL feroit inutile d'entrer dans l'énumération & le détail de toutes les variations & contrariétés que j'ai reprochées à l'exercice de cette Jurifdiction : ce que j'en ai dit fuffira pour donner une idée du défordre que devoit produire cette multiplicité de Juges qui fe croifoient continuellement & dont aucun ne rempliffoit fes devoirs pour le bien public, parcequ'ils avoient tous un prétexte plaufible de ne pas y veiller, & qu'en fuppofant même dans quelques-uns la meilleure volonté, ils ne pouvoient qu'être détournés du defir d'en donner des preuves par l'oppofition inépuifable qu'ils trouvoient dans leurs ri-

vaux, & par les conflits de Jurifdiction dont la fréquence devoit
néceffairement les rebuter. Il faut
une patience plus qu'humaine,
pour réfifter à un combat continuel de mille affaillans réunis ;
quand, loin d'être foutenu, on
eft prefque toujours abandonné.
Mais depuis l'Edit de 1627, qui
attribue cette Jurifdiction aux
Tréforiers de France privative-
ment à tous autres Juges, il femble que la paix auroit dû fuivre
d'une jouiffance non interrom-
pue de cent trente-deux ans ; &
néanmoins cette poffeffion n'eft
pas encore paifible. Il eft peu
d'années où le Confeil ne foit
faifi de quelques nouveaux débats, quoiqu'en général il fou-
tienne le privilége exclufif de ce
Tribunal, & que s'il s'eft porté
à y faire quelquefois des exceptions, on ne puiffe l'imputer qu'à
la furprife ou au defir qu'il a eu

de laiffer groffir le nombre des
préjugés contradictoires, pour en
tirer les principes d'une Jurifpru-
dence plus certaine. En attendant
les preuves que je donnerai de
cet expofé , je vais tâcher d'expliquer brievement en quoi confifte l'exercice de la Voirie Royale , & quels font fes objets dans
le fait & dans le droit.

On la divife en deux parties:
grande & petite Voirie.

La premiere s'étend fur tous
les grands chemins du Royaume,
fans aucune exception de territoire, en y comprenant les rues
des Villes & Villages qui font
partie de ces chemins , & toutes
les communications que le Roi
juge à propos de faire ouvrir ou
réparer, qui dès-lors deviennent
chemins Royaux.

La petite Voirie confifte dans
la Police ordonnée aux Habitans
des Villes , fur l'appofition des

feuils, bornes, étaux, éviers, balcons & autres édifices faifant
faillie fur la voie publique.

Il faut diftinguer encore dans
l'une & dans l'autre les fonctions
matérielles & la Jurifdiction.
Celles-là pour les grands chemins
appartiennent aux Officiers des
Ponts & Chauffées, Commiffaires
du Confeil, Infpecteurs, Ingénieurs, &c. comme nous l'avons
vû dans la premiere Partie. Les
Tréforiers de France en corps
n'en ont que l'Intendance fous
les ordres du Miniftere. Pour la
petite Voirie, elles font attri-
buées, à l'égard de Paris, à quatre Commiffaires en titre d'office,
créés par Edit du mois de Mars
1693 : & à l'égard des autres Villes du Royaume, *où la Voirie*
appartient au Roi, (ce font les termes de l'Edit du mois de No-
vembre 1697) elles font exer-
cées par les Jurés - Experts. Pri-

feurs & Arpenteurs créés par cet Edit.

Nous avons dit plus d'une fois qu'anciennement l'une & l'autre de ces Jurifdictions appartenoient aux Juges ordinaires, & que depuis l'Édit de 1627, nuls autres que les Tréforiers de France n'en ont dû connoître en premiere Inftance, fauf l'appel aux Parlemens pour la petite Voirie ; mais dans ce qui concerne la grande Voirie, les Bureaux des Finances prétendent que l'appel de leurs Jugemens ne peut être porté qu'au Confeil ; & dans le fait, le Roi y évoque toutes les conteftations dont le Juge ordinaire veut prendre connoiffance. *Inde iræ.*

Pour l'exécution des Ordonnances & Reglemens, les Tréforiers de France ont droit de contraindre les Ufurpateurs de la voie publique à la reftituer, & à

la rétablir à leurs dépens; de prendre sur les héritages adjacens, le
terrein néceffaire pour l'élargir, &
pour l'aligner; de prononcer la punition des délits commis par méchanceté ou par négligence; d'ordonner la démolition des Maifons, murs de clôture ou autres Bâtimens qui font en péril éminent
de ruine ; de donner l'alignement
de ceux qui font conftruits à neuf;
de dreffer les procès-verbaux de
commodité ou d'incommodité ,
qu'il peut y avoir à ouvrir de
nouvelles rues ou de nouveaux
chemins, & à fupprimer ceux qui
feroient jugés inutiles ; de faire
publier & adjuger les ouvrages
qui doivent être faits aux dépens
du Roi ou aux frais des Particuliers, & de regler en ce dernier
cas la part que chaque contri-
buable en doit fupporter ; de dé-
cerner des exécutoires contre les
refufans ; de prononcer des amen-

des contre les délinquans; d'expédier des Mandemens fur les Tréforiers pour le paiement des Adjudicataires; de vérifier leurs comptes avant qu'ils foient préfentés à la Chambre, & généralement de faire tout ce qui exige forme de droit, finon que le Roi en ait confié les fonctions à des Commiffaires, comme nous avons vû qu'il y en a effectivement pour quelques-unes de ces parties.

Dans ces différens Actes de Juftice ils fuivent pour la forme la procédure prefcrite par l'Ordonnance commune à tous les Juges, & quant au droit ils fe reglent fur les Edits, Déclarations & Arrêts appliquables aux efpeces.

La peine n'eft pas à remplir ceux de ces devoirs dont la manutention eft directement foumife au Miniftere, & dans lef-

quels le Juge n'a qu'à obéir ;
mais il en est tout autrement des
cas où il n'est pas obéi lui-même.
Ici le fujet qui refufe de reconnoître l'autorité des Tréforiers
de France, trouve un afyle contre la contrainte, foit dans l'in-
tervention d'un autre Juge, foit
dans l'appel à un Tribunal fupérieur ; & ces incidens arrêtent
tout court les opérations.

Pour rendre plus fenfibles les
inconvéniens qui naiffent de ces
obftacles, je n'aurai qu'à citer les
exemples que le Bureau des Finances de Paris m'en fournira,
parcequ'il eft véritablement le
feul auquel on ait laiffé dans les
points principaux la plénitude de
fa Jurifdiction ; & s'il en réfulte
que dans l'état où les chofes exif-
tent il eft impoffible à ces Officiers d'affurer le bien public, que
penfera-t'on de l'impuiffance de
leurs Confreres des Provinces,

& contre qui les Parlemens & les Hauts-Justiciers sont ouvertement déclarés.

Malgré l'attribution de la Voirie dont les Tréforiers de France jouiffoient depuis 1508 , malgré la réunion à leur Corps de la Charge de Grand Voyer, les Juges ordinaires ont toujours fait les plus grands efforts pour se maintenir dans l'exercice de cette Jurifdiction. Le Châtelet plus ardent que les autres , parceque son intérêt étoit plus grand , & qu'il étoit lui-même plus accrédité , a aussi livré plus de combats pour secouer entierement le joug impofé par les difpofitions de l'Edit de 1627 : mais elles étoient trop claires pour lui permettre d'y réuffir. Après avoir fuccombé au principal dans toutes fes tentatives, il s'eft tourné fur les circonftances, & il eft enfin parvenu à faire démembrer du corps de l'attribution générale faite aux Tréforiers de France, des parties qui paroiffent lui être effentielles, & la caractérifer le plus particulierement.

Le droit de donner les alignemens dans la Ville & les Fauxbourgs de Paris ne pouvant plus être contefté aux Tréforiers de France, le Lieutenant de Police en a fait excepter les encoignures des rues & places, fur ce fondement que les angles doivent être élevés en pan coupé, pour prévenir les guet-à-pens nocturnes, ce qui eft une affaire de Police ordinaire, à caufe qu'elle intéreffe la fûreté des Habitans. Le même motif de la confervation des Citoyens a fait accorder à ce Magiftrat par une Déclaration du 18 Juillet 1729, la connoiffance des périls éminens de chûte des Maifons; & ce n'a été qu'après de longues follicita-

tions que le Bureau des Finances a obtenu la concurrence.

Ce même Magiſtrat avoit déja
obtenu en 1720 une Ordonnance
du Roi, qui ſur le vû de celles de
1356, 1539 & 1607, leur attribuoit
le droit de permettre ou d'interdi-
re les dépôts des pierres pour la
réparation & la conſtruction des
Bâtimens dans les rues de Paris;
& ſes Succeſſeurs s'y ſont maintenus.

Autre tems, autres ſoins, diſent les Officiers du Bureau des
Finances. Nous convenons qu'à
ces dattes ſi reculées, cette diſ-
poſition pouvoit être très juſte.
Nous ſavons que la Voirie eſt
une des principales portions de
la Police générale, ſurtout dans
les Villes, où les Habitans étant
plus raſſemblés & par conſéquent
plus ſujets à ſe corrompre, ont
auſſi plus beſoin d'être retenus,
& que cette néceſſité augmentant

en proportion du nombre des Citoyens, elle devient extrême pour
la Capitale ; qu'en cet état le Juge
à qui la Police générale est confiée pouvoit prétendre à l'infpection fur les rues, pour empêcher
que le paffage n'en fût obftrué
par les dépôts des pierres ou des
décombres de Bâtimens : mais depuis 1627 ce foin nous regarde
de même que celui des périls éminens & tous autres qui appartiennent à la Voirie, parcequ'il a
plû au Roi de nous en charger.
Vous furprenez fa Religion en
vous faifant attribuer comme exécution & fuite de l'ancienne Loi
ce qui vous a été retranché par
la Loi nouvelle dont vous ne faites aucune mention.

A quel titre oferois-je prendre
parti dans les conteftations qui
divifent depuis fi longtems deux
Tribunaux que je dois également
refpecter ? & que m'importe au

ſurplus que l'un ou l'autre ait la Charge qu'ils ſe diſputent , pourvû qu'elle ſoit remplie ? Mais la Juſtice & la vérité méritent de trouver des Défenſeurs ; & l'on ne peut diſconvenir que la réponſe des Tréſoriers de France eſt ſans réplique : elle acquiert même de nouvelles forces ſur le raiſonnement, ſi l'on examine la queſtion du côté de l'intérêt public.

1°. Il eſt de principe que deux autorités indépendantes tendent rarement au même but ; elles auroient peine à y concourir, quand la jalouſie ſeroit la ſeule infirmité de la nature humaine : mais la négligence nous gagne par tant d'autres paſſions & d'intérêts, qu'on eſt certain de la provoquer, en lui fourniſſant les moyens de nous corrompre. Si l'ambition de deux rivaux les fait agir , ils précipitent tout pour ſe prévenir

mutuellement, & rejettent l'un
fur l'autre leurs manquemens &
leurs erreurs. Si celui-là fe relâ-
che par dégoût, celui-ci abufe
par cupidité ; mais quand il voit
que le premier ne lui difpute plus
le terrein, il tombe à fon tour
dans l'inaction, & alors le fervice eft abandonné des deux côtés. C'eft ce qu'on pourroit craindre fur les périls éminens ; il eft
d'ailleurs à préfumer en matiere
d'art, que celui qui l'exerce habituellement y a plus acquis de
connoiffances que cet autre qui
n'en fait pas fon objet principal,
parconféquent les Commiffaires
de la Voirie doivent être plus
verfés dans le difcernement des
caufes d'une ruine prochaine de
bâtimens, que des Commiffaires
de Police dont les occupations
font abfolument étrangeres à l'architecture ; d'ailleurs les premiers
ayant des Coureurs continuels

pour découvrir les contraventions , informeront bien plutôt des périls que les derniers, toujours obligés d'attendre qu'on leur en donne avis.

2°. Il est d'autant plus surprenant qu'on ait laissé à la Police ordinaire la direction des pans coupés & la permission du dépôt des pierres, que par un Arrêt du 8 Août 1698 , le Conseil a mis ces deux attributions au rang de celles qui appartiennent à la Voirie ; l'une comme inséparable de l'alignement , & l'autre comme encombrement permanent. Il n'y en a pas en effet , qui mérite autant cette qualification, que celui qui est perpétuel dans les rues de la Capitale , & qui rend en même-tems impossible ou ruineux l'entretien du Pavé.

N'y a-t'il pas dans ce que je viens d'exposer assez d'obstacles à l'exercice de la Voirie ? En voici ci de nouveaux. On a levé depuis quelques années, les plans des grands chemins & des rues des Villages dans la Banlieue de Paris, avec défenses d'y bâtir fans prendre l'alignement des Tréforiers de France : fi le Propriétaire obéit, il eft affigné par le Procureur Fifcal d'un Seigneur Haut-Jufticier ; & pour vuider ce conflit il faut que le Confeil vienne au fecours, fans quoi, indépendamment des longueurs de procédure qu'il y auroit à effuyer & qui cauferoient des dommages au Propriétaire ou une incommodité au Public, le Bureau des Finances fuccomberoit peut-être & augmenteroit le nombre des préjugés que les Seigneurs citent en leur faveur : il en eft de même des contraventions aux Reglemens ; l'expédient feroit fûr pour fe fouftraire aux peines qu'ils prononcent, fi chaque Particulier le connoiffoit.   O

Je m'adreſſe ici au premier Sénat du Royaume ; qu'il me ſoit
permis de lui repréſenter dans le
plus profond reſpect, qu'il ſeroit
de ſa gloire de contribuer à la
décoration de la Capitale, à la
ſûreté, à la commodité de ſes
habitans & à l'augmentation de
ſon Commerce ; en laiſſant jouir
paiſiblement de toute l'autorité
qui leur a été confiée, des Juges
d'attribution qui font leur devoir capital de tous ces objets :
& j'oſe dire que jamais cette Cour
des Pairs n'aura trouvé une plus
belle occaſion de ſignaler ſon
zele pour le bien public, qu'en
favoriſant l'idée que j'ai à propoſer pour cet heureux effet.

Nous ne ſommes plus au regne
de Philippe le Bel, où le Parlement raſſemblé pouvoit ſuffire à
toutes les affaires du Royaume
de quelque nature qu'elles fuſſent.
L'Etat aggrandi a augmenté la

puiſſance du Souverain. Cette
Puiſſance a créé un Commerce
qui s'eſt étendu ſucceſſivement,
& par lequel nos richeſſes ſe ſont
accrues ; les Arts & les Sciences
ont fait leurs efforts pour y participer, & ſont venus de toutes
parts contribuer à la conſommation des fruits de la terre & à
notre population. Les intérêts
multipliés à l'infini par toutes ces
circonſtances ont occaſionné plus
de diſcuſſions ; les paſſions échauf-
fées par la jouiſſance d'un grand
ſuperflu, ont enfanté plus de
vices en faiſant naître de nouveaux beſoins ; nos mœurs ont
changé d'âge en âge, comme nos
habits, & nous ſommes toujours
devenus pires en devenant plus
raffinés : le dol, la fraude & la
chicane ſe ſont mis au rang des
moyens d'acquérir. Il n'eſt pas
ſurprenant que du ſein de cette
corruption il ſoit ſorti des débats

éternels, ni que les occupations des Parlemens ayant peut-être centuplé, il leur ait été impossible d'embrasser toutes les parties. Delà une nécessité indispensable dans le Gouvernement, de diviser les matieres ; les Chambres des Comptes, les Cours des Aides & celles des Monnoies ont été érigées en Cours Supérieures ; pourquoi les Bureaux des Finances aussi susceptibles de cet honneur ne l'ont-ils pas obtenu ? On seroit réellement tenté de croire qu'il y a des fatalités attachées à certains Corps d'un Etat, à certaines races, à certains hommes en particulier. Tout réussit aux uns malgré la témérité qui dirige leurs entreprises : rien ne succede heureusement aux autres, quoique la prudence préside à toutes leurs actions. Une expérience aussi ancienne que le Monde, semble appuyer par les faits cette opi-

nion; & les Tréſoriers de France
pourroient ſervir à la rendre pro-
bable dans nos Annales. J'ai dit
ailleurs comment ils étoient tom-
bés du faîte des dignités & des
grandeurs aux degrés de la mé-
diocrité : ceux qui voudront en
être mieux inſtruits n'auront qu'à
lire leurs titres dans Fournival &
dans les autres Auteurs qui les ont
recueillis. La Chambre des Comptes étoit anciennement compo-
ſée de trois Corps ; Maîtres des
Comptes, Tréſoriers de France,
Généraux des Monnoies : le Premier Préſident de la Chambre
étoit preſque toujours un Evêque:
ſuivant l'inſtitution de cet office,
c'étoit auſſi de la Prélature qu'on
tiroit ordinairement un ou deux
Tréſoriers de France , pour les
matieres qui requeroient Jugement : ils étoient donc conſtitués
Juges , au lieu que les Maîtres
des Comptes n'étoient pas regar-

O iij

dés comme tels. La preuve en est écrite dans les fameuses Remontrances que le Parlement fit à Henri II en 1548. Elles portent » qu'il n'étoit ni propre ni con- » venable aux Gens des Comptes » de s'entremettre au fait de la » Justice, & que leurs Offices ne » font réputés de Judicature. » Il n'y avoit appel qu'au Roi des Ordonnances & Mandemens des anciens Tréforiers de France avant qu'ils fussent en Corps; il y avoit appel de la Chambre au Parlement, encore fous Louis XI, qui fit le 8 Février 1461 un Reglement *en force d'Ordonnance & de Loi* pour confirmer cette disposition ; cependant la Cour des Pairs a consenti par la suite que la Chambre fût érigée & maintenue en Cour supérieure ; & les Généraux des Monnoies ont obtenu la même dignité, quoiqu'inférieurs avant ce tems-

là aux Tréforiers de France, &
Juges comme eux d'une partie
de la Police ; mais qui, fi l'on excepte la punition du crime, a
plus trait à la mécanique qu'à
la fcience des Loix, lorfqu'au
moins cette fcience eft infiniment
utile à l'exercice de la Voirie. Qui
nous dira donc pourquoi il a fallu
que les Tréforiers de France fuffent la feule des trois parties d'un
Corps commun qui ait éprouvé
une diftinction humiliante, quand
elle avoit de plus grandes prérogatives que les autres, & que fes
fervices n'étoient pas moins importans ? tout au contraire, on les
a précipités du faîte où ils étoient
originairement, & peu à peu on
leur a ôté les honneurs qui devoient le plus flatter leur zele, &
les confoler dans l'état auquel on
les avoit réduits. Ils avoient féance à la Cour des Aides ; & rien
n'étoit plus jufte, puifque ce Tri-

bunal a été formé de leurs dé-
pouilles ; ils n'y font plus admis:
ils devoient jouir du droit d'in-
dult, comme étant du Corps des
Compagnies Souveraines, on les
en a exclus : ils avoient les honneurs & les profits du deuil à la
mort de nos Rois , ils en font
privés : ils avoient rang & féance
aux entrées & pompes funebres,
ils n'y font plus appellés. Tout au
contraire , il n'y a point de regne
fous lequel depuis leur décadence , ils n'aient été les premiers
objets & les plus maltraités de
l'Inquifition des Publicains :
taxes, prêts, rachats, joyeux ave-
nemens , augmentations & fup-
preffions de gages , renouvellement d'annuel , réductions de
droits, rien n'a été omis de ce
qui pouvoit rendre leurs Offices
méprifables: auffi s'en faut-il bien
qu'ils foient aujourd'hui occupés
par des Prélats ; & ce qu'il y a

de plus extraordinaire, c'eft qu'en les traitant ainfi à tous égards en Jurifdiction fubalterne, on leur a néanmoins laiffé les Priviléges des Commenfaux, comme pour juftifier les impôts dont on vouloit les furcharger : mais ceci n'eft-il pas contradictoire dans les principes ? Si l'on regarde les Tréforiers de France comme Juges feulement Préfidiaux ; ces Priviléges font exorbitans de l'ordre établi pour tous les autres Tribunaux de la même catégorie ; & fi on les confidere comme Cour fupérieure, en conféquence de tous les Edits qui les affimilent à ce titre, n'eft-il pas jufte de les en faire jouir par le traitement commun à toutes les autres ?

Mais ce qui n'eft que juftice dans cet objet général devient convenance & utilité pour l'Etat, relativement à l'exercice de la Voirie, depuis que la Charge de

Ov

grand Voyer a été unie au Corps des Tréforiers de France ; il eft vrai que la création de cet Office n'eft point attributive de Jurifdiction , & qu'au contraire elle en eft exclufive ; mais elle donne la Surintendance d'une Police , ce qui eft incompatible avec une Jurifdiction fubordonnée. Quand donc il n'y auroit point d'autres motifs de les tirer de la dépendance , les loix de la décence fembleroient l'exiger. Il eft plus naturel d'annoblir la Jurifdiction par la Charge, que d'avilir la Charge par la Jurifdiction ; mais il y a d'ailleurs des raifons fi preffantes d'en venir à cet Etabliffement, qu'on ne pourra s'y refufer après les avoir confultées.

On pouvoit tolérer des inconféquences dans l'enfance de la Voirie qui a duré jufqu'en 1720; mais fevrée à cette époque , elle a toujours crû , & nous la voyons

aujourd'hui dans la plus grande
force de l'âge mûr ; il faut donc
la traiter férieufement ainfi qu'elle fe conduit elle-même. La Police des voies publiques a été confiée aux Tréforiers de France :
fouffrit que d'autres Juges en con-
nuffent, feroit intervertir les effets de la Loi qui leur a donné
cette attribution ; y en admettre
quelques-uns en concurrence, feroit regardé comme un jeu, fi la
difpofition n'en partoit pas de
l'autorité Royale, qui n'en eft pas
moins facrée pour avoir été furprife. Après les inconvéniens dont
j'ai fait voir le germe dans cette
concurrence, je fuis perfuadé
qu'elle fera bientôt regardée comme un abus digne de réformation : ce n'eft pas qu'en confon-
dant les êtres, je veuille dire que
le Juge de la Police ordinaire n'a
rien à voir dans les rues : fa fonction eft de les faire nettoyer, de

O vij

les éclairer, d'y regler les mœurs, d'y contenir la licence, d'y empêcher les attroupemens & les émeutes, de les faire garder pendant la nuit. Ces fonctions sont également dignes & capables de l'occuper tout entier. A quel propos leur dérober une partie du tems qu'il leur doit, pour s'inquiéter du soin de la Voirie qui est en si bonnes mains, & qui ne lui appartient plus ? Quand les fonctions sont distinctes elles excitent l'émulation, quand elles sont mixtes la confusion & le désordre s'y glissent imperceptiblement. Tel seroit le premier avantage de l'érection du Bureau des Finances en Cour supérieure, qu'il rétabliroit l'ordre en procurant cette distinction.

J'ai dit que l'activité de ce Tribunal étoit retenue par les appels au Parlement ; les preuves pour Paris n'en sont que trop familie-

res, puifqu'elles font fi deftructives de la Police : qu'il foit queftion d'un alignement de Maifon
pour l'exécution duquel un Propriétaire feroit obligé de fe retirer fur fon terrein , & qu'il ne
veuille pas obéir , il appelle de
l'Ordonnance du Bureau ; & fur-
le-champ on lui expédie un Arrêt
de défenfe qui fufpend tout ; pendant le délai que cet Arrêt procure & que la chicane allonge
tant qu'il lui plaît , la Maifon eft
reprife fous œuvre , deuxieme inconvénient réprimé.

Enfin les Juges des Seigneurs
ne s'aviferont plus de difputer aux
Bureaux des Finances le droit de
Voirie , puifque l'un des articles
de l'Edit fera fans doute de foumettre les Sentences de ces petits
Juges à l'appel aux Tréforiers de
France , comme je le dirai plus
amplement ; troifieme inconvénient levé.

Examinons maintenant quel
devra être l'exercice de ce Tribunal supérieur. Le Gouvernement est imbu de ce principe,
également dicté par l'expérience
& par la raison, que l'exécution
des ordres en matiere de Police,
de même que la punition des délits, requierent trop de célérité,
pour être assujetties aux formes
de la procédure ordinaire. » Ce
» sont choses de chaque instant,
» dit l'Auteur de l'Esprit des
» Loix, & où il ne s'agit ordi-
» nairement que de peu, il n'y
» faut donc guere de formalité. »
C'est sans doute ce qui déter-
mina le 17 Juin 1721, un Arrêt
du Conseil, qui autorise les Trésoriers de France, Commissaires, à prononcer sur le champ
les amendes, sauf l'appel au Bureau des Finances. Dans quelle
source plus pure pourrois je pui-
ser l'ordre de la Jurisdiction,

dont je trace le plan ? Elle délivrera le Conseil de l'importunité des Arrêts d'évocation, qui le distraient continuellement de ses autres occupations:elle procurera la décoration des Villes, & sur tout celle de la Capitale : tous les obstacles disparoitront.

A Paris un Commissaire particulier pour les alignemens des maisons, sera garant de l'exécution de la Loi, tant pour les faces, que pour les encoignures en pan coupé.

Le Commissaire du pavé informera sa compagnie des ordres dont il aura besoin, pour faire décombrer la voie publique.

Les Commissaires de la voirie veilleront aux périls éminens, parcequ'ils en répondront à leurs Juges.

Les permissions du dépôt des pierres feront données par le Bureau des Finances, son intérêt étant commun avec celui du Commissaire qui dirige le pavé, à ce que toutes les rues soient libres, & bien entretenues.

Les Commissaires des Ponts & Chaussées séviront à leur tour contre les auteurs des délits, & les contraventions ne demeureront plus impunies par les longueurs de la forme.

Deux Tréforiers de France, Commissaires, attachés à chaque Généralités, avec des gages suffifans, y auront le même pouvoir. Ils aideront les Intendans pour la manutention du service des Ponts & Chaussées. Ils veilleront fur les Employés & fur les Subdélégués, dont la geftion leur fera fubordonnée. Ils donneront les alignemens des rues, dans les Villes, Bourgs & Villages, par le miniftere des Experts, dont ils taxeront les vacations. Les Juges des Seigneuries apprem dront qu'ils doivent s'abſtenir de la connoiſſance des grands chemins, & des rues qui en font partie. Les Bureaux des Finances découvriront par la repréſentation des Titres, ſi les Juſtices qui s'arrogent le droit de Voirie, l'ont effectivement. La tranquillité ſur cette matiere naîtra par-tout, & le Gouvernement n'aura plus à être étonné lui-même de cette prodigieuſe quantité de Jugemens contradictoires, qui depuis tant de ſiécles le font floter dans l'incertitude. L'époque de l'attribution faite aux Tréſoriers de France, eſt aſſez ancienne pour avoir produit tous les genres de conteſtation dont la matiere étoit ſuſceptible, & pour mettre le Légiſlateur en état de les terminer à l'avantage de ſes Peuples. Il eſt étonnant que dans une Monarchie ſi ancienne, & ſi bien policée d'ail-

leurs, il y ait une matiere toute
neuve dans ce genre, & pour
laquelle il n'y ait point de Loi
générale. J'efpere que le Public
me faura gré d'avoir fait tous mes
efforts pour la provoquer, & que
les Seigneurs eux-mêmes feront
bien aifes de favoir à quoi s'en
tenir fur leurs prétentions, que
je vais examiner.

CHAPITRE III.

De la Voirie Seigneuriale.

LA lecture de ce titre me re-
plonge dans mon premier étonnement. Je ne reviens pas de la
furprife où m'a jetté cette parti-
cipation à la puiffance publique,
dont on a laiffé jouir les Hauts
Jufticiers, & qui eft entrée dans
le Commerce, comme les matieres les plus communes. Je ne

m'accoutume point à voir le plus
vil favori de la fortune, exercer
indiſtinctement avec le plus grand
Seigneur, une portion du pouvoir Légiſlatif, (*a*) » en créant
» des Officiers & Magiſtrats qui
» peuvent juger des biens, de
» l'honneur, & de la vie de tout
» un peuple : il eſt vrai que le
» Reſſort eſt réſervé à la Souve-
» raineté, & que Loyſeau l'ap-
» pelle, *le plus fort lien qui ſoit*
» *pour la maintenir.* » Mais, n'eſt-
ce rien que d'eſſuyer les vices d'un
premier Tribunal ? Quand c'eſt
le Prince qui me donne un Juge,
je dois me repoſer ſur ſa juſtice,
& ſur ſon diſcernement. La connoiſſance du droit ſuprême qui
réſide en lui, attire ma ſoumiſ-
ſion, ſans bleſſer mon amour
propre ; & je n'ai point cette
docilité pour mon égal, Sujet
comme moi, qui peut par inté-

(*a*) Loyſeau, ch. 4. des Seigneuries, n. 48.

rêt, ou par ignorance, me nommer des Juges également incapa-
bles & indignes de leurs fonctions. Vaine réfléxion, dira quelqu'un! Il s'en faut beaucoup,
que je la regarde comme telle:
on n'eft point indigne d'être
écouté quand on parle pour l'E-
tat, & que fans attaquer les droits
des Particuliers, s'ils font juf-
tement acquis, on ne propofe
que de réprimer ceux qui ont
été ufurpés. Je ne dis pas qu'il
faille renverfer le Tribunal des
Seigneurs; je demande feulement, qu'il foit réduit à de juftes
bornes; qu'on l'oblige à procurer
tout le bien dont il fera capable, & qu'on l'empêche de troubler l'ordre par des prétentions
également contraires à l'autorité
Royale, incompatibles avec nos
mœurs, & contraires à la Société:
c'eft là mon deffein, relativement
à la Jurifdiction de la Voirie
Seigneuriale.

Nous avons vu dans les deux
chapitres précédens, l'origine de
la perpétuité des Fiefs, & celle
de l'exercice de la Juſtice, joint
au commandement Militaire:
cherchons maintenant celle des
droits attachés à cette adminiſtration. Les Seigneurs toujours
en armes, ſoit à la ſuite des
Rois, ſoit en ſe faiſant la guerre
les uns aux autres, étoient hors
d'état de rendre eux-mêmes la
juſtice aux peuples; & d'ailleurs
ils ne vouloient rien omettre de
ce qui pouvoit les rendre ſemblables au Souverain: ils ſe donnerent des Lieutenans qu'ils ap-
pellerent leurs Pairs, & auxquels
ils confierent le ſoin & la fonction d'adminiſtrer la juſtice.

La capacité, quelque min ce
qu'on la ſuppoſe, étoit au moins
néceſſaire à un certain degré,
pour remplir ces places diſtin-
guées: elles occupoient aſſez

l'homme qui en étoit pourvû ;
son tems , sa peine , ses études ,
tout cela méritoit une récom-
pense. On la trouva dans l'imposition des amendes , dont la
moindre faute fut punie , & auxquelles on ajouta par la suite ,
la condamnation des dépens ,
contre les plaideurs qui succom-
boient ; peine très juste , & prononcée par la Loi des Romains.
Celle des Francs mettoit à prix
le rachât de tous les délits , & des
plus grands crimes ; c'étoit autant
de source féconde de profit pour
les Seigneurs , & pour leurs Pairs.
L'exercice de la Voirie fut une
autre raison spécieuse d'en augmenter les produits , en pro-
nonçant des amendes contre ceux
qui dégraderoient ou n'entretien-
droient pas la voie publique ,
dont la charge (*a*) tomboit alors

(*a*) La plûpart des Coutumes portent cette
disposition.

sur les Propriétaires Riverains.
Des chemins de la Campagne,
on passa aux rues des Villes, &
des Villages; peu à peu on éten-
dit le droit aux permissions d'é-
taler sur les Places & Marchés,
sous prétexte qu'ils étoient du
Domaine Seigneurial; & l'on
en vint insensiblement, jusqu'à
vendre la faculté d'anticiper sur
la voie, par des bornes ou des
montoirs; même celle d'intéres-
ser la sûreté des passans, par des
balcons, des enseignes, ou
autres saillies posées en l'air.
Tous ces droits formerent des
revenus considérables en denrées, en marchandises, & en
argent; mais ils ne suffisoient
pas encore à rassasier la cupidité des Seigneurs & des Juges.
Les péages avoient été sagement imaginés, comme un secours nécessaire pour la construction & l'entretien des Ponts,

des Digues , & des Chauffées.
Les droits en furent auffi multipliés que les établiffemens :
on en plaça dans tous les paffages , fous différens noms de
Péage , *Barrage* , *Pontenage* ,
Billette , *Branchiere* , &c. On
alla jufqu'à faire payer aux Vaffaux, la liberté de tranfporter
hors du territoire de la Seigneurie, leurs meubles & marchandifes : (*a*) *chacun en tiroit par
où il pouvoit*; & la véxation
étoit plus ou moins dure, felon
que les Peuples étoient plus ou
moins foibles.

Tels furent les germes de cette
immenfe multiplicité de droits
de Voirie, qui prirent naiffance
fous la banniere des ufurpateurs,
dans ces tems de trouble & de
confufion, où la force & la
violence décidoient de tout, &
où la raifon ni la juftice n'avoient

(*a*) Loyfeau , chap. 3.

point

point d'afyle; la maniere dont ils s'y font maintenus, eſt encore plus étonnante; car enfin, les Sujets ne pouvoient reprocher à la fouveraineté trahie & affoi- blie, de fouffrir ce qu'elle étoit hors d'état d'empêcher : mais n'ont-ils pas lieu de fe plaindre maintenant, que la puiſſance rétablie n'ait pas briſé les nœuds dont l'audace les enchaîna autre- fois ?

A meſure que nos Rois de la troiſieme race recouvrerent leurs Domaines uſurpés, ils y trouve- rent ces droits établis, & fe les approprierent. Ce fut le coup fa- tal qui confirma les Seigneurs dans la poſſeſſion de leur tyran- nie; & comment, en effet, les en auroit-on dépouillés, lorſque le Souverain ſembloit vouloir la légitimer par ſon exemple? Ils furent donc autoriſés à com- prendre cette portion de leurs

P

juſtices, dans les aveux & dénombremens de leurs Fiefs, &
par là ſe les rendirent patrimoniaux, ou du moins ſe mirent à
portée de les prétendre tels, par
le propre fait du Prince. Nous
devons préſumer que cette ſur-
priſe faite à l'autorité Royale,
ne réuſſit qu'à l'ombre d'une ſou-
miſſion que la politique avoit
intérêt de ménager, & qui s'eſt
conduite juſqu'à nos jours par
les mêmes principes. Dans ces
longues agitations que le Royaume a ſouffertes, il étoit ſage
ſans doute, de ne pas provoquer par la rigueur, quelque
juſte qu'elle fût, le reſſentiment
de Seigneurs puiſſans, qui n'é-
toient que trop portés à ſecouer
le joug de l'obéiſſance. Nous
voyons combien il leur coûtoit
encore de plier ſous Henri IV:
il fallut la tête d'un Richelieu
pour les réduire ſous Louis XIII,

qui fût même obligé de laisser à
son Successeur, le soin d'achever par ses bien-faits, ce qu'il
avoit si fort avancé par l'autorité
secondée du génie transcendant
de son Ministre. Mais que Louis
XIV, ce Monarque si jaloux des
droits de sa Couronne, n'ait pas
réprimé les abus de cette préten-
tion exorbitante des Seigneurs,
relativement aux droits de Voirie; j'en suis d'autant plus surpris qu'ils l'ont soutenue contre
lui-même, & qu'ils s'en firent un
moyen d'indemnité contre l'Edit
de 1674, portant réunion à la
Justice du Châtelet, de toutes
les Justices particulieres de la
Ville de Paris. Quoi! la Loi
publique prescrit-elle? Des Titres usurpés ou surpris, ne font-
ils pas radicalement nuls, & la
raison d'Etat n'est-elle pas toujours vivante? Je dis d'autant
plus la raison d'Etat, que j'ai

P ij

prouvé l'impoffibilité de parvenir à la réparation des Chemins,
& au redreffement des Rues,
s'il y avoit concurrence entre
les Juges Royaux, pour la manutention de cette Police, à plus
forte raifon, fi les Juges des
Seigneurs ofoient la troubler. Il
eft donc indifpenfable d'y mettre
une regle, telle que je l'ai pro-
pofée dans le chapitre précédent;
mais cela ne fuffit pas, & il eft
de la juftice du Roi d'empêcher
que les prétendus Voyers des
Seigneuries particulieres, s'arrogent des droits qui peuvent ne
leur être pas dus, foit que la
Voirie n'appartienne pas à toutes
les Juftices, quand même on la
fuppoferoit acquife à quelques
unes, foit que l'on perçoive ces
droits arbitrairement, ou même
fuivant les coutumes des lieux,
qui ne peuvent plus faire Loi à
cet égard. Il eft impoffible à l'ef-

prit humain, de percer les ténè-
bres dont elles ont envelopé cette
matiere. Après la lecture de tant
d'Auteurs qui ont rravaillé à les
expliquer, on n'entend que très
obscurément, en quoi consistoit
l'exercice de la Voirie. Tout ce
qu'on y apperçoit, est l'ouvrage
de la cupidité: des impositions
sur les Vassaux; mais le Tarif en
est-il vérifié par le Souverain,
à qui seul il appartient d'imposer des tributs, & l'application
de ce Tarif est elle juste ? Dailleurs, la concession du bénéfice
suppose une charge, & quand
la Coutume Locale ne l'expri-
meroit pas, la Loi générale du
Royaume en porte l'injonction.
Le Péage n'est accordé qu'à condition d'entretenir les Chemins;
la vacation de l'Expert qui donne
l'alignement, ne lui est due qu'autant qu'il se conforme aux regles
de la Police générale : enfin,

dans toutes les rues des Villes
& des Villages qui font partie
des grands Chemins, ou qui n'en
étant point, font réparées par
ordre du Roi, les Juges des Seigneurs commettroient un atten-
tat, s'ils ofoient donner un alignement. Il eft donc indifpenfable de promulguer une Loi qui
explique tous ces cas, & qui
pourvoie à tous ces befoins : qui
fupprime toute forte de Péages
& de travers qui n'ont point
de charges, ou dont les charges
ne font pas remplies. Mais en-
vain cette Loi feroit-elle jointe
à tant d'autres qui les ont fup-
primées définiment ou indéfini-
ment, fi l'exécution n'en étoit
pas mieux fuivie. A quoi fert-il
que des Commiffions du Confeil
aient rendu Arrêts fur Arrêts,
pour anéantir des Péages dont
le droit n'a pas été juftifié; fi
ceux qui le font par des aveux

dont j'ai fait sentir l'illégitimité, ne sont pas même tenus de prouver qu'ils ont satisfait à leurs charges, ou si en exigeant qu'ils y satisferont, le soin de vérifier leur conduite n'est pas remis à quelqu'un qui puisse s'en acquitter? Les Tréforiers de France rétablis dans un degré d'autorité qui fasse respecter leurs Arrêts, & qui leur attire la confiance publique, peuvent seuls remplir cette fonction, par le ministere des Commissaires que le Roi tire de leurs Corps. Ceux-ci à la faveur des rapports qui leur seront remis par les Officiers des Ponts & Chaussées, rendront des Ordonnances provisoires, sur lesquelles, en cas d'appel, la Compagnie statuera définitivement : il y aura par ce moyen, plus de Péages supprimés en un an, qu'il n'y en a peut-être eu depuis un siécle. C'est que le Département des Ponts & Chauffées, & les Bureaux des Finances, fe contrôleront réciproquement : c'eft que les Tréforiers de France, plus au fait de la matiere que d'autres Juges, ne laifferont rien échaper à leurs recherches : c'eft qu'ils jugeront de la qualité des droits, par l'efprit de la Loi, & qu'ils fauront l'interpréter par la qualité des Titres, & par leur application au Local : c'eft qu'ils feront afficher dans les Villes & les Villages, de nouveaux Tarifs des Voiries Seigneuriales ; & qu'ils entendront les Habitans fur les plaintes qu'on voudra leur porter : c'eft enfin que pour le regard de la Voirie, l'appel des Sentences des Hauts Jufticiers, ne pourra être porté qu'aux Bureaux des Finances de chaque Reffort. Je demande attention pour ce dernier article : qu'on veuille bien me dire à quel Tribunal on appel-

leroit aujourd'hui, de la Sentence du Juge *Pédanée* du Bas
Justicier, (& il n'y en a point,
qui suivant les Coutumes, n'ait
droit de Voirie:) ce ne pourroit être qu'au Bailliage auquel
il ressortit, & auquel, par cent
& cent Arrêts, il est défendu
d'en connoître. J'ai assez fait voir
l'inconvénient des appels des
Hauts Justiciers au Parlement :
si l'on me sommoit d'en rapporter des preuves, je citerois un
Arrêt célebre de celui de Paris,
du 25 Mars 1720, qui maintient
les Juges du Comté de Laval,
dans le droit de Voirie, contre les Tréforiers de France de
Tours. Je reviens aux droits Bur-
faux, & à ceux que les Seigneurs
perçoivent en essence.

Deux seules réflexions me
peinent fur la correction de cet
abus. La premiere, en ce que,
pour parvenir à l'entiere ruine

P v

des Péages, il feroit de la grandeur Royale, & j'ofe le dire,
de fon intérêt, de fupprimer tous
ceux de fon Domaine; & cependant, les Officiers qui les perçoivent, pourront s'y oppofer
par un zéle très louable dans fon
principe, mais encore plus dan-
géreux dans fes conféquences:
il eft vrai que ces Directeurs,
Gens de Finance, ont des Supérieurs auffi refpectables qu'éclairés, qui leur impoferont, lorfqu'ils auront fenti l'avantage que
le Commerce tirera de cette fuppreffion; je refpire un peu dans
cette confiance. La feconde réfléxion tombe fur les échanges,
dans lefquels le Roi a fait entrer de fa part, des droits de
Péage, de Travers, de prife en
nature fur les denrées, &c. Mais
j'y vois deux reffources: l'une,
d'ordonner les revifions des con-
trats d'échange. & des produits

respectifs des choses échangées. Il pourroit arriver que la crainte de cette vérification, engageât bien des Possesseurs à renoncer aux droits énoncés ci-dessus, plutôt qu'à l'échange ; & si au contraire le cas se présentoit où l'avantage fût du côté du Roi, ce qui pourroit n'être pas fréquent, alors on se tourneroit du côté des Charges attachées au Péage retrocédé par le Roi, telles que l'entretien des Chemins, des Ponts, des Pavés, des Marchés, des Hales, &c. & l'on feroit droit à l'Etat, si elles n'étoient pas acquittées.

Il pourroit encore arriver, que les Trésoriers de France trouvassent de nouveaux priviléges de Péages accordés à tems, pour raison de Ponts, ou autres ouvrages construits aux dépens du privilégié ; & que ces sortes de concessions, à force d'avoir

été renouvellées par faveur, prou-
vaffent par le produit actuel,
que les caufes du privilége ont
tellement ceffé depuis longtems,
que fi l'on comparoit les produits
à la dépenfe de la conftruction,
& à celle de l'entretien, il y
auroit des fommes confidérables
à répéter pour l'Etat, indépendamment de la fuppreffion des
Péages.

Que réfulteroit-il des écono-
mies que je propofe? Une augmentation fenfible fur le produit des Fermes; un encoura-
gement au Commerce qu'on ne
peut affez favorifer; & une ex-
citation aux Habitans inutiles
de la Capitale, à fe retirer en
Province, lorfque les vivres n'y
feroient pas renchéris par l'ac-
cumulation de tant de tributs.
J'y connois des Villes où l'on ne
mange que du Poiffon puant,
parceque le Seigneur a droit d'y

prendre fa provifion fur le plus
beau, comme de raifon, & que
ce tribut qui fe percevoit anciennement en nature, a été con-
verti en argent; cependant nulle
charge : c'eft le Roi, ou la Ville
qui font, & qui entretiennent
les Pavés. Peut-être y en a-t'il
dans le Royaume, mille & mille
exemples, contre les difpofitions
formelles des Edits, & notamment celle de l'article V du
tit. XXIX de l'Ordonnance de
1669, qui s'exprime en ces termes; » n'entendons qu'aucuns
» de ces droits foient réfervés ,
» même avec *Titre & Poffeffion* ,
» où il n'y a point de Chauffées ,
» Bacs, Eclufes, & Ponts à en-
» tretenir, & à la charge des Sei-
» gneurs & Propriétaires. Mais ne
pourra-t'on pas me répliquer que
je propofe pour cette réformation, un moyen dont l'inutilité a
été depuis longtems reconnue »

puifque la Déclaration du Roi
du 31 Janvier 1663, charge ex-
preffement les Tréforiers de
France, de faifir les Péages dont
les charges ne feroient pas acquittées. J'en conviens, mais les
caufes de cette inexécution font
fi fenfibles, qu'on ne peut refufer de les admettre, & il étoit
facile de les éviter. Pour faifir
les Péages, il falloit que la contravention fût dénoncée, & c'eft
à quoi la déclaration n'avoit pas
pourvu. Il n'en fera pas de même
de la Loi que je propofe : une
fi longue expérience du paffé,
met le Gouvernement en état d'y
tout prévenir ; & l'autorité néceffaire, attribuée aux Bureaux
des Finances, ne permettra pas
de douter du fuccès. Je vais tâcher d'indiquer les principales
difpofitions qu'elle doit contenir, pour lever tous les doutes
qui peuvent fubfifter fur la ma-

tiere de la Voirie. Ce Canevas, foumis à l'infpection du minif-tere, recevra de fon examen toute la perfection que le Public peut defirer.

CHAPITRE IV.

Idée d'une Loi générale fur le fait de la Voirie, en fuppofant l'é-rection des Bureaux des Finances en Cour Supérieure.

1. **L**ES Ordonnances & Régle-mens rendus jufqu'à ce jour, ne défignent les Chemins Royaux, que par la condition qu'il y ait Coche ou Meffagerie publique. Ce qui préfente une diftinction vague, de laquelle on peut in-férer, que tous ceux qui font dans ce cas, doivent être traités de même; & ce feroit une er-reur. Il paroît effentiel de divifer

tous ces Chemins en trois claffes.
La premiere de ceux qui partent
de la Capitale du Royaume,
pour fe rendre directement aux
Capitales des Provinces fituées
à fes extrémités; comme de Paris à Bayonne, à Perpignan, à
Strafbourg, à Rennes; on peut
les nommer Routes.

La feconde, des Chemins qui
vont de la Capitale du Royaume,
à des Capitales des Provinces,
ou autres Villes, auxquelles ils
s'arrêtent, foit que ces Chemins
s'embranchent fur des routes,
en partant des Villes intermédiaires; foit qu'il n'y ait point
d'embranchement. J'y comprens
de même les Chemins tendans
d'une Capitale de Province, à
une autre Capitale. On peut
donner pour exemples de cette
feconde claffe, le Chemin de
Paris à Lyon, par la Bourgogne; l'intérêt des Peuples, re-

lativement à la dépense & au travail, ne permettant pas qu'il y ait deux routes pour une même communication des deux extrémités, qui font, Paris & Marseille. On peut citer encore celle de Limoges à Bordeaux. Je les appelle grands Chemins.

Enfin la troisieme classe, est celle des Chemins de Villes à Villes non Capitales, ou de ces Villes à gros Bourgs, de Ports de Mer, & autres, dont le Commerce est assez considérable pour mériter ce traitement. Ils seront désignés par le mot de Traverses. Tels font ceux de Bayeux à Coutances, & de Coutances à Izigny.

2. Tout Chemin, de quelque qualité qu'il soit, sera réputé Chemin Royal, lorsqu'il aura été fait par ordre du Roi.

3. Les rues des Villes, Bourgs & Villages, faisant partie des

Chemins Royaux, feront fou-
mifes à la Jurifdiction des Tréforiers de France, & à l'infpection des Officiers des Ponts &
Chauffées, quand même le Pavé
feroit fait & entretenu aux dépens des Villes.

4. L'Ordonnance de Blois eft,
je crois, le feul Titre Légal,
fur lequel on puiffe prefcrire aux
routes, la largeur de foixante
pieds, hors des bois. Celle de
1669 ne leur en donne pas affez
dans les Forêts, en certains cas
que la Loi doit prévoir pour la
fureté du Commerce. Elle pourra
difpofer que dans les paffages
dangereux, par des fonds entre
deux éminences, & par l'éloignement des Habitations, la largeur y fera augmentée jufqu'à la
proportion néceffaire, ce qui fera
conftaté par les avis des Intendans, fur les rapports des Ingénieurs. Trois Arrêts du Confeil

des 24 Juillet 1703, 18 Septembre 1706, & 21 Octobre 1713, m'apprennent que dans le Comté de Bourgogne, cette largeur a été poussée jusqu'à vingt-cinq toises, sur certains Chemins.

Les Chemins de la seconde classe me paroissent assez larges à quarante huit pieds, & les traverses à trente six pieds, le tout hors des Bois.

La largeur des rues faisant partie des Chemins Royaux, me sembleroit sagement déterminée à trente-six pieds, sur ceux de la premiere classe, & à vingt-quatre sur les deux autres.

5. Ceux de ces chemins qui se trouvent faits sur de plus grandes largeurs que celles spécifiées ci-dessus, y seront maintenus & conservés.

6. Quoique les dimensions des Chaussées soient directement soumises à l'administration, & qu'on

foit certain qu'elle fera toujours affez fage pour prendre le meil. leur parti, je ne laiffe pas de croire qu'il feroit utile d'en fixer les largeurs, tant en pleine Campagne qu'aux abords des grandes Villes, foit qu'elles fuffent conftruites en pavé, foit qu'on les fît en cailloutis; du moins me paroîtroit-il effentiel que la Loi défendît de faire des Chauffées de Pavé hors des Villes & des Villages, à moins qu'on manquât abfolument de matériaux pour y en conftruire de cailloutis. Pour donner à celles-ci des largeurs proportionnées à celles des chemins, je ferois d'avis qu'on les fixât à vingt pieds fur ceux de foixante; à feize, fur ceux de quarante-huit pieds, & à douze feulement fur les traverfes, afin qu'il reftât partout autant de berme des deux côtés que de Chauffée dans le milieu. Je fuis fi porté à

prévenir les faillies du pouvoir
arbitraire, que j'en faisis toutes les
occasions.

7. Les Réglemens particuliers
s'expriment avec tant de prudence & de précaution sur l'article
des alignemens, qu'on ne peut y
rien ajouter.

8. La largeur des Foffés à huit
pieds par le haut, a été bien impofée par l'Arrêt du 3 Mai 1720;
mais il n'en eft pas de même de
la largeur du bas, qu'il regle à
trois pieds. Les terres ne pouvant
fe foutenir fur cette inclinaifon,
il faut les mettre de trois fur un;
par conféquent réduire à deux
pieds cette largeur du bas. Par
tout où, entre deux contre-pen-
tes, les eaux croupiffent dans les
Foffés, je voudrois qu'on fît creu-
fer des Rigoles, ou de petits Foffés perpendiculaires au Chemin,
pour procurer l'écoulement de
ces eaux. L'Etat y trouveroit une

épargne par la diminution de l'entretien, & les Propriétaires en tireroient un grand avantage en se préservant de l'inondation.

9. Les distances des arbres dont la plantation est ordonnée par ce même Arrêt, sont bien indiquées; mais il sera peu exécuté par les Propriétaires des Héritages adjacens, tant que le Roi ne leur fournira pas les arbres. En leur faisant cette libéralité, pour les dédommager du tort que l'arbre fait au rapport de leurs terres, (& ce tort n'est pas médiocre), on peut très équitablement les contraindre à le planter & à l'entretenir à leurs frais, même à le remplacer s'ils le laissent mourir ; comme aussi à renouveller & rafraîchir tous les ans les Fossés ; mais j'entends seulement qu'on leur remboursera le prix de l'arbre au bout de trois ans, quand ils justifieront par le

Certificat de l'Ingénieur, visé du
Tréforier de France Commiffaire, qu'ils ont planté cet arbre à
leurs frais. J'ai affez dit ce que je
penfe des Pepinieres royales,
pour ne rien propofer qui ten-
de à les perpétuer. La raifon dicte
que les Particuliers éleveront des
arbres, quand ils feront certains
de les vendre & d'en conferver la
propriété. Je fouhaiterois encore
que l'Arrêt du 3 Mai 1720 fût
réformé, en ce qu'il permet la
plantation de toutes fortes d'arbres. La ruine des fruitiers eft,
en général, occafionnée par les
fruits qu'ils rapportent, à l'exception néanmoins du Noyer,
qui, dit-on, tire de nouvelles
forces des bleffures que lui font
les Paffans à coups de pierre & de
bâtons. D'ailleurs les arbres fruitiers ont mauvaife grace fur les
Chemins, & ils y nuiroient dans
certaines Provinces, comme la

Normandie , où les Pommiers &
les Poiriers à Cidre jettent des
branches si longues qu'elles bou-
cheroient le passage d'un Chemin
de trente-six pieds.

10. Toutes les especes de délits qui peuvent être commis contre les Chemins , sont diserte-
ment énoncées dans les Ordonnances rendues sur ce sujet. Il m'a
paru par différentes lectures que
j'en ai faites, qu'on n'en a obmis
aucun ; il sera nécessaire d'en in-
férer l'énumération dans la nouvelle Loi , & d'examiner attentivement si les peines qu'on leur a
infligées , doivent être augmen-
tées ou adoucies ; mais j'ose assurer que ces délits seront rarement
découverts , même dans la Banlieue de Paris , & qu'ils ne le seront jamais ailleurs , surtout dans
les Provinces , si le Roi n'ordonne
sérieusement aux Officiers des
Maréchaussées de se les faire dénoncer

noncer & d'arrêter les Contrevenans. Ces Officiers n'y veilleront point eux-mêmes, s'ils n'y
font excités par quelque profit.
On pourroit leur accorder les
amendes, en les partageant entr'eux, leurs Cavaliers & les Dé-
nonciateurs, & en leur preſcri-
vant la forme de procédure qu'ils
auroient à garder.

Les Maires, Echevins & autres
Officiers des Villes, non-plus que
les Syndics des Paroiſſes, ne dé-
clareront aucune contravention,
ſi la loi ne le leur enjoint formel-
lement & ſous telles peines que
de droit. Ils rient aujourd'hui des
invitations & des injonctions des
Bureaux des Finances, qui n'ont
ſur eux aucun droit de correction.
Il y a tout lieu de préſumer qu'ils
ſe comporteroient mieux avec une
Cour ſupérieure.

11. La ſurcharge des Voitures
ne ſera point réprimée, à moins

Q

qu'on ne fixe, par cette loi, le nombre des chevaux dont celles à deux & à quatre roues, pourront être attelées dans les différentes faisons; & si malgré cette fixation, le nombre de tonneaux de liqueurs & autres Marchandises dont le poids est connu par leur contenance, n'est également réglé, avec ordre aux Maréchauffées & aux Commis des Entrées de dénoncer & d'arrêter les Contrevenans. Défenses aux Intendans de déroger à cette loi par leurs Ordonnances particulieres. Ce n'est pas gêner le commerce, que de l'assujettir à des regles; & la pitié ou la faveur qui les font violer, font des licences répréhensibles, parcequ'elles manquent à l'Autorité royale, en déliant ce qu'elle a lié.

12. Il y a dans la Banlieue de Paris, & sans doute ailleurs, un abus qui mérite l'attention du

Gouvernement ; c'eſt celui qui aſ-
ſujettit les Carriers à prendre la
permiſſion des Officiers des Chaſſes , avant d'ouvrir des Carrieres
aux environs des grands Chemins.
Cette Police eſt bonne , conforme aux anciennes & nouvelles
Ordonnances ; mais l'exercice
n'en appartient qu'aux Juges de
la Voirie. C'eſt donc , de la part
des Officiers des Chaſſes , un at-
tentat d'autant plus remarquable,
qu'ils font payer ces permiſſions ;
que par-là ils induiſent le Public
en erreur & le jettent eux-mêmes
dans la contravention , en ce que
leurs Ordonnances n'exigent.,
pour l'ouverture des Carrieres ,
que quinze toiſes de diſtance des
Chemins , & que la Voirie en
impoſe trente. Enfin ils ont un
Prépoſé , qu'ils qualifient *Voyer.*
Tel eſt , diſent encore ici les Treſoriers de France , le fruit de
la concurrence des indépendans.

La Loi ne peut trop efficacement
y pourvoir. Les Officiers des
Chaffes font payés pour veiller à
la fureté du Prince , quand il
chaffe dans les Plaines réfervées à
fes plaifirs ; mais hors de ce précieux objet , qui n'a de rapport
qu'à faire boucher les trous des
carrieres épuifées , & à faire ceffer
tous autres périls qui pourroient
s'y rencontrer , ils n'ont aucun
droit à la Police , relativement
aux Chemins.

13. Le bien de l'Etat exigeroit
qu'à commencer par la Banlieue
& la Généralité de Paris , il fût
fait par les Treforiers de France,
Commiffaires du Confeil, un ré-
cenfement de tous les Chemins
& Sentiers inutiles dont la fuppreffion feroit enfuite ordonnée
par la nouvelle Cour de Voirie,
fur le vû des Procès verbaux que
les Commiffaires en auroient
dreffés , après avoir entendu les

Habitans des Paroiffes & les Particuliers qui prétendroient avoir
titre pour s'y oppofer. La Loi por-
téroit en même-tems de feveres
défenfes d'ouvrir des fentiers dans
les terres enfemencées.

14. Après que cette réduction
des Chemins feroit faite, on pourroit ordonner aux Habitans de
chaque Paroiffe où la Voirie appartient au Roi, de réparer & entretenir leurs communications,
foit des grands Chemins à leurs
Villages, foit des Villages entr'eux pour donner un plus grand
débouchement aux denrées. Cette
contribution de leur travail feroit
d'autant plus jufte, qu'outre le
profit qui en reviendroit aux Propriétaires des Champs, la con-
fommation de Paris fournit &
paie elle feule tous les grands
Chemins de la Banlieue, & un
grand nombre de communications. Je parlerai ailleurs de cette

même contribution hors de la
Banlieue.

CHAPITRE V.

Continuation de la loi fur la Voirie feigneuriale.

15. IL faudroit d'abord décider
à quels genres de Seigneurie peut
appartenir le droit de Voirie, en
leur fuppofant les titres néceffaires pour le prouver. Il ne me paroit pas que les Bas-Jufticiers y
puiffent prétendre, & je penfe
avec Loyfeau, que la preuve de
poffeffion immémoriale de la part
des Seigneurs Hauts-Jufticiers,
ne peut être admife par Témoins.

16. La preuve par titre de conceffion & de poffeffion feroit donc
portée devant les Treforiers de
France; de forte que l'enregiftrement qu'ils en feroient, &

l'Arrêt de confirmation qu'ils
rendroient, fervît à perpétuité
de titre juftificatif aux Poffef-
feurs, & qu'on fût au vrai dans
chaque Généralité, quelles font
les Seigneuries qui ont droit de
Voirie.

17. En confervant aux Propriétaires des Juftices mainte-
nues dans ce droit, celui de fe
nommer des Juges, il faudroit
les affujettir à l'examen des Tribunaux auxquels ils reffortiffent
pour la Juftice ordinaire, & à celui des Tréforiers de France pour
la Voirie. L'information des vies
& mœurs, profeffion de foi &
fuffifance, mettroit en repos la
Religion du Légiflateur, fur la
juftice qu'il doit à fes peuples.

18. Le Tarif des droits utiles
de la Voirie feroit réglé pour chaque Seigneurie, relativement au
prix des denrées de chaque Pays,
aux facultés des Habitans en gé-

néral , & à toutes les autres con-
sidérations qui doivent déterminer une pareille fixation. Tous
droits en essence , tels que de
chair , poisson , œufs, beurre,
chandelle , &c. seroient supprimés *à l'instar* de ce qui a été pratiqué par le Voyer de Paris ,
parcequ'il est impossible de dif-
convenir que tous ces droits ont
été imaginés par le sordide intérêt qui les a établis par la violence. La surprise faite à la bonté
des Souverains qui les ont confir-
més , n'a pû les laver de cette
tache.

19. Tous autres droits de halle ,
barrage , péage , travers , &c. seroient suspendus, & les deniers qui
en proviennent demeureroient en
sequestre jusqu'à la vérification
des Titres qui les ont attribués , &
à celle des Charges que les concessions ou la loi commune du
Royaume y ont attachées. En con-

féquence de cette vérification, tout péage qui n'auroit point de charge, feroit anéanti ; & fi les charges des autres n'étoient point acquittées, le droit feroit également fupprimé, fi dans un terme prefcrit le Seigneur n'y avoit point fatisfait. Une troifieme caufe de fuppreffion, feroit fi le Roi avoit fait des deniers de fon Domaine, ou fur les fonds d'impofition, des ouvrages dont les Seigneurs péagers feroient tenus. Dans ce cas on les condamneroit au rembourfement de la dépenfe, pour lequel, & pour celui de l'entretien, le péage feroit faifi.

20. Il eft d'autres droits de péage qui, dans leur origine, n'avoient rien d'odieux ; mais qui le font devenus par des prolongations réitérées, dont le renouvellement femble avoir voulu les rendre patrimoniaux. Leur premier objet étoit de payer la dé-

Q v

penfe, & les peines des Entrepreneurs d'ouvrages publics; rien
n'étoit fi jufte. Leur continuation n'cft due qu'à l'intrigue des
Puiffans, ou des corrupteurs que
la faveur y a fubrogés ; rien n'eft
plus inique Une vérification
exacte des Treforiers de France prouveroit que les motifs de
la premiere conceffion ne fub-
fiftoient plus à la feconde ; que la
jouiffance a rendu le centuple du
rembou fement, & que le produit annuel excede de vingt fois
la dépenfe de l'entretien. Que ne
puis-je livrer de même aux recherches de ces Officiers, tant
de privileges honteux, qui rendent le Public tributaire du crédit & de l'avarice! Je defcendrois
dans tous les détails. Les petites
lotteries, qui animent le larcin
domeftique, ne feroient pas ou-
bliées, & la ferme des chaifes
des Eglifes paroîtroit auffi digne

de réformation , que celles des
revenus du Roi.

21. La loi rendroit au Domaine du Souverain tous les fonds
vains & vagues dont les Seigneurs
se feroient induement emparés ,
sous prétexte d'attributions portées par les Coutumes , & contre
la maxime reçue dans le Royaume, que ce qui n'appartient à personne , appartient à l'Etat pour
en faire son profit, en le vendant
par petites parties , sous la condition expresse de le cultiver.

22. Injonction aux Seigneurs
de faire arracher les haies , buis-
sons & arbres qui feroient plantés dans l'emplacement des chemins , & à une distance de leurs
bords moindre que de trois pieds.
Je pense même qu'il seroit plus
convenable , relativement à l'entretien des Chemins vicinaux, de
n'y souffrir aucune plantation ,
attendu que leur largeur ne peut

être portée qu'à dix huit pieds; mais d'un autre côté nous manquons de bois , & l'intérêt public femble demander que les Propriétaires foient excités à prévenir par leur attention une plus grande difette. Le luxe qui nous dévore n'y aidera pas; il ne travaille qu'à détruire l'utile, pour fe procurer l'agréable. Le Gouvernement aura bientôt décidé le parti qu'exige cette conjoncture, & je me borne à lui faire obferver qu'elle peut mériter fon attention.

Je fupplie maintenant qu'on veuille bien confidérer fi tous les objets que je propofe au zele des Tréforiers de France , ne méritent pas le degré d'autorité que je follicite moins pour eux qu' pour le bien public. En ore un cou, nul autre Corps q e celui-là n ft capable, par fa pofition, de rendre les fervices qu'on doit en at-

tendre pour la Voirie, & ce fera
toujours les éloigner, que d'y admettre d'autres Juges.

Je paffe au fujet le plus propre à
prouver cette utilité, & en même-
tems le plus important, puifque
le falut du peuple y eft attaché, &
qu'il s'agit de foulager le Cultivateur du joug énorme dont l'acca-
ble l'adminiftration arbitraire des
Intendans; joug fi dur & fi cruel,
qu'il rendroit inceffamment les
Campagnes defertes, s'il n'étoit
modéré par la puiffance; foumis
à des regles invariables; tellement
proportionné aux forces des Communautés; qu'elles puiffent l'en-
vifager fans terreur, & fi bien
défendu par la juftice, que le
péculat n'ofe entreprendre de
l'aggraver. Les Commiffaires des
Ponts & Chauffées peuvent feuls
procurer tous ces avantages, à la
faveur de l'autorité qui leur fera
confiée, & de l'accroiffement de

dignité de leurs Corps , qui re-
jaillira fur eux.

CHAPITRE VI.

Difpofitions de la Loi pour les Corvées.

J'AI affez fait entendre , fur la
fin du Chapitre précédent & dans
tout le cours de cet Ouvrage, que
la recherche des moyens qui peuvent tendre au foulagement du
peuple , dans la partie que je vais
examiner , avoit été le plus grand
mobile de mes fpéculations , pour
que perfonne n'en puiffe douter.
Je fuis pénétré de douleur , à la
vue continuelle de l'efclavage auquel on réduit ces malheureux ,
par l'ignorance , le caprice , la
hauteur , la baffe ambition de fe
faire des amis, ou des Protecteurs
au prix du fang des pauvres. Je

frémis de voir, à l'heure même
où j'écris ces juſtes invectives contre leurs Perſécuteurs, de voir ,
dis-je, un champ dépouillé de ſa
récolte , avant ſa maturité, & des
Payſans commandés au mois de
Juin pour tracer un chemin de
pure faveur , & qui devroit d'autant plus être fait aux dépens du
Particulier qui l'obtient, que c'eſt
pour former des abords faciles à
un bac dont il tire le profit. Je ſe-
rois trop long ſi j'ajoutois au recit
de cette tyrannie , celui de tous les
autres abus que je connois en ce
genre. Il vaut mieux ne m'occuper
que des moyens d'y remédier. Je
demande grace , dans ce deſſein ,
pour les répétitions qui pourront
m'échapper : elles ne feront pas
vicieuſes ſi elles ſervent à mieux
graver dans l'eſprit de mes Lecteurs, les trois principes qui font
la baſe de mon ſyſtême. Le premier eſt la néceſſité des chemins ,

de laquelle tout le monde tombe
d'accord. Le second eſt l'impuiſ-
fance abſolue de les réparer, &
de les entretenir à prix d'argent.
Enfin le troiſieme, qui réſulte des
deux autres, eſt de faire cet entretien & cette réparation par corvées, en n'exigeant des Peuples
que la contribution qu'ils peuvent fournir ſans préjudicier à
l'agriculture & à leur propre ſub-
ſiſtance. Rien n'eſt plus ſûr que
l'anéantiſſement des cultivateurs,
ſi l'on continue de permettre
qu'ils ſoient commandés arbitrairement.

L'adminiſtration des Ponts &
Chauſſées eſt trop éclairée, pour
n'avoir pas preſcrit à ſes Officiers
tous les ménagemens qui dépendent d'eux dans la diſtribution
du travail, ſoit en ne la permettant que par tâches générales &
particulieres, ſoit en la propor-
tionnant aux forces des Cour-

voyeurs qui , étant mal nourris lorsqu'ils travaillent à leurs frais, ne peuvent faire autant d'ouvrage que s'ils étoient payés.

Je sais qu'elle a pourvu avec le même discernement à la répartition du nombre d'Employés nécessaires à la conduite des chemins , relativement à l'étendue & à la difficulté de chaque entreprise & au nombre des travailleurs.

Je connois par moi-même la capacité de quelques Inspecteurs Généraux , & celle de plusieurs Ingénieurs en chef ; leur mérite me fait supposer hardiment qu'il n'y en a point d'indignes de la place qu'ils occupent.

Le succès ne dépend donc plus que des Intendans & de leurs sous-ordres , sur lesquels je rejette sans dissimulation tous les maux qui suivent de ce service & qui révoltent le Public ; car il

n'eſt pas à préſumer que des Magiſtrats établis pour être les peres
du Peuple & le conduire avec
équité, ce qui veut dire avec douceur, le foulent mal-à-propos ou
injuſtement, & le mettent par-là
hors d'état de peupler en le met-
tant hors d'état de vivre. Je penſe
d'eux bien différemment ; auſſi
eſt-ce pour les confirmer dans les
ſentimens qu'ils ſe doivent par
leur dignité, que j'ai demandé
une Loi ſalutaire, qui mette à
couvert de tout reproche & de
toute ſuſpicion, la confiance
qu'ils ont en leurs Subdélégués.
J'oſerois jurer qu'elle ſera reçue à
bras ouverts, dans tous les Sanc-
tuaires de la Juſtice, quand ſes
Miniſtres verront que le Souverain n'a pas été ſourd à leurs plaintes, & que la moindre négligence à ſeconder la compaſſion qu'il
a pour ſes Sujets, s'attirera ſon
indignation.

1. Je voudrois que la premiere disposition de cette Loi, portât de féveres défenses de commander pour la corvée des Communautés éloignées de plus de deux lieues de France, de 2400 toises, ou environ, & que cette distance ne pût être excédée, sous aucun prétexte; soit à l'égard de l'extraction des matériaux, soit par rapport à la confection du Chemin. Il n'arrive que trop souvent, qu'après avoir fait venir sur l'attelier, les Manouvriers & les Voituriers, on les envoie aux carrieres, ou à d'autres emplacemens éloignés, sur lesquels on a fait rassembler des cailloux. Rien n'est plus facile que d'éviter ces inconvéniens, si l'on veut se conduire par des principes.

On n'a qu'à tracer sur la meilleure Carte gravée, qu'on pourra trouver, la ligne du Chemin auquel il s'agit d'occuper les Courvoyeurs : tirer enfuite une paralléle de chaque côté de cette ligne, & à la diftance de deux licues prifes fur l'échelle : ces deux efpaces renfermeront quatre lieues de terrain en largeur. Suppofons que la confection, ou la réparation de ce Chemin foient entreprifes fur deux lieues de longueur, on élevera fur la Carte deux perpendiculaires, dont l'une au commencement de la premiere ligne, & l'autre au point de ces deux lieues de longueur : elles comprendront dans leur efpace, & celui des paralleles du Chemin, toute l'étendue de l'entreprife. Qu'on marque enfuite aux différens points extérieurs de la ligne du Chemin, les lieux où font les matériaux : ils fe trouveront à droite ou à gauche de

cette ligne, & on les y rendra
remarquables, foit par des croix,
foit par des lettres, foit par des
chifres; de forte que les caracteres, par lefquels on aura voulu
les diftinguer, ne puiffent être
confondus avec ceux de la Carte
gravée; alors on fera l'état des
Paroiffes à commander, & s'il
y en avoit qui ne fe trouvaffent
pas fur cette Carte, on les y
porteroit à vue dans la pofition,
où la connoiffance des lieux in-
diqueroit de les placer. Avec de
telles difpofitions, la moindre
erreur fur le commandement ne
feroit plus pardonnable, puifqu'on auroit été maître de diriger les Mandemens avec toute
la précifion requife.

2 Il feroit je crois, très fuperflu, d'obferver que le nombre
d'Ouvriers commandés pour la
Corvée, doit être proportionné

par moitié, par tiers, ou par quart, au nombre d'Habitans de chaque Paroisse; de maniere qu'ils ne marchent pas tous à la fois, & qu'il en reste assez au Village, pour faire ses propres travaux indispensables, & ceux des Particuliers; mais ce qu'on ne peut trop recommander, c'est de ne les envoyer à ce travail forcé, que dans les saisons mortes pour l'Agriculture.

3. Comme il pourroit arriver que le Chemin passât sur deux Généralités, & que dans la régle des formalités ordinaires, l'Intendant qui auroit la Direction générale de ce Chemin, ne pourroit commander les Paroisses de l'enclave du Département limitrophe, il conviendroit que la Loi prévît ce cas, en ordonnant que celui des Intendans qui auroit le moindre nombre de

Paroisses, dans les lignes circonf-
crites ci-deflus, en céderoit le
commandement à fon Confrere,
& ordonneroit pour cet effet à
fes Subdélégués d'exécuter fes
ordres.

4 La Loi marquera tous les cas
d'exécution de la Corvée, foit
perfonnelle, foit de la Voiture,
foit de la repréfentation; mais
comme elle ne pourroit les prévoir tous, eu égard à tant de
genres & qualités d'Offices,
ou Priviléges qu'il y a dans ce
Royaume : il fera bon de confulter les Intendans fur cet article,
avant de le régler, & que s'il fe
préfente par la fuite d'autres
caufes d'exception, ils aient le
pouvoir d'y faire droit, fur les
avis de leurs Subdélégués,
qui feront tenus de les communiquer auparavant aux Confuls
ou Syndics, pour mettre la Communauté en état de faire fes re-

préfentations contre l'exemption demandée, fans qu'il foit permis en aucuns cas, aux Subdélégués, d'accorder ces exemptions ; & fi l'Intendant refufoit d'avoir égard aux repréfentations, il feroit permis à la Communauté plaignante, & à tous Contribuables, de s'adreffer au Tréforier de France, Commiffaire, pour réclamer fon témoignage & fa protection auprès de l'Intendant, afin qu'il ne refte aucune reffource à la cupidité, pour rejetter fur le foible la charge du fort.

5. Je n'obferverai ici que pour mémoire, que tout Particulier qui eft, ou feroit Taillable dans le Pays où la Taille eft perfonnelle, & qui n'eft pas d'état à pouvoir travailler de fes mains, doit être affujetti à la Corvée de repréfentation, à l'exception néanmoins des Lieutenans généraux, Civil, Criminel & de Police

lice, des Bailliages & Sénéchauſ-
fées ; Juge principal des Juſtices
Royales, Préſidens des Elections,
Conſuls en charge actuelle des
Villes, ou autres Chefs de compagnie, que le Conſeil jugera
dignes de cette diſtinction.

6. A l'égard de la Corvée per-
ſonnelle & de la Voiture, il ſera
juſte d'avoir égard à tout ce qui
peut favoriſer les Mariages &
l'Agriculture : mais il ne faut
rien outrer ; la régle la plus ſa-
crée en matiere de Gouvernement, étant celle d'une répartition égale des Charges & des
Bénéfices ſur tous les Sujets,
relativement à leur état & condition ,& aux circonſtances particulieres ; la juſtice & l'humanité
doivent préſider tour à tour à
cette diſtribution.

7. Quand le dénombrement
général de chaque Paroiſſe ſera
dreſſé, il en faudra diſtraire tous

R

les Contribuables qui feront exempts par leur état de la Corvée perfonnelle, ou qui voudront la racheter en argent, & on les comprendra tous dans un Etat féparé, qui fera remis au Collecteur de la Paroiffe, pour en faire le recouvrement, & en répondre comme des deniers de la Taille, & par les mêmes voies, Après que les Laboureurs & Journaliers auront fait leur tâche perfonnelle ou de Voiture, on leur propofera de faire à prix d'argent, celle des Contribuables par repréfentation; de laquelle ils feront payés, en vertu du Rôle qui en aura été dreffé par les Piqueurs des Atteliers, vifé & certifié véritable par le Sous-Infpecteur qui en aura la conduite; fur les Mandemens des Tréforiers de France, Commiffaires.

Comme il eft rare que dans une Généralité il y ait plus de

deux routes ouvertes en même tems : l'un & l'autre de ces Commiffaires fe porteront féparément fur celle du département qui leur aura été affigné, foit qu'on y travaille à l'entretien d'un Chemin déja fait, ou à la confection d'un nouveau Chemin. Ils y exerceront la Police, comme l'Intendant pourroit le faire lui-même, s'il étoit fur les lieux, & donneront à cet effet, tous les ordres provifoires aux Communautés, même aux Subdélégués, pour fe faire rendre compte par eux, des caufes d'inexécution, des mandemens qu'ils auront décernés pour la Corvée. Ils expédiront les mandemens & Ordonnances néceffaires contre les délinquans & défaillans, & pourront feuls impofer la garnifon, & les amandes qui auront été encourues, fauf l'appel de celles-là devant l'Intendant, &

de celles-ci au Bureau des Finances de la Généralité. Ces peines ont été sagement imaginées contre la désobéissance & contre la défection ; mais il est en même tems de la prudence & de l'équité du Gouvernement, de prévenir l'abus qu'en peuvent faire ceux qui les ordonnent, en les faisant servir d'instrument à leur avarice. Quand c'est le Subdélégué qui fait les Rôles, qui accorde les exemptions, & qui décerne les contraintes, il devient si terrible par ces moyens ajoutés à ceux qu'il a dailleurs dans le commandement de la Milice, & des impositions ordinaires, que personne n'oseroit se plaindre. J'en ai cent preuves sans replique ; je n'en citerai qu'une seule. Des Officiers d'une Ville de Province, dont on ruinoit à plaisir la Communauté, pour un Chemin qui détournoit leur com-

merce, furent informés que le
Subdélégué difpenfoit de la Corvée, ceux qui vouloient bien s'en
délivrer à prix d'argent : ils en
porterent leurs plaintes à l'Intendant, après s'être affurés des faits,
par les dépofitions des particuliers qui avoient fubi ce monopole. Le Magiftrat, comme de
raifon, demanda des preuves ;
les Officiers s'y foumirent, & al-
lerent en conféquence requérir
les déclarations des dépofans ;
mais ceux-ci les leur refuferent,
en difant qu'ils fe garderoient
d'offenfer le Subdélégué, parcequ'il les augmenteroit à la Ca-
pitation. Quand au contraire le
commandement eft partagé, l'a-
bus eft fi difficile dans chacun
en particulier, qu'on abandonne
le deffein de le mettre en pratique. Le Tréforier de France,
Commiffaire, n'ayant d'autorité
que pour les Corvées, ne fau-

R iij

roit intimider par d'auttes intérêts ; & il n'en aura lui-même
aucun, de maltraiter les Peuples,
puifqu'il n'en pourroit profiter,
comme on va le voir dans l'article fuivant.

8. La Loi portera que les fonds
provenans des garnifons & amendes feront remis aux Syndics par
les Cavaliers, pour en compter
devant le Tréforier de France
Commiffaire ; & que ces fonds
après qu'on en aura prélevé le
falaire taxé au Cavalier, fera joint
à celui des corvées de repréfentation, pour être employés en ouvrages. On entend facilement
qu'en fuivant cet ordre il eft impoffible de commettre un abus
fans qu'il y ait connivence entre
le Commiffaire, le Syndic & le
Cavalier, & fans qu'ils veuillent
s'expofer tous trois à fe perdre,
ce qui n'eft pas à fuppofer, du
moins de la part du Tréforier de

France, qui d'ailleurs aura une raison pressante de se conduire avec intégrité par la jalousie qu'excitera son Ministere ; mais en revanche son amour propre triomphera du pouvoir qui lui sera remis pour empêcher la vexation. Il sera sur les lieux à portée de lever la garnison, sur des causes légitimes, & l'on sera sûr que les Peuples ne pourront être foulés injustement. Il m'a été dit par un homme très digne de foi, & revêtu d'un caractere respectable, qu'il avoit été témoin des larmes d'une pauvre veuve, qui avoit tout-à-la-fois dans sa Chaumiere, son mari venant d'expirer & un Cavalier de Maréchaussée mis chez lui en Garnison, comme défaillant à la corvée, sans qu'elle eut jamais pû obtenir la décharge de ce barbare logement. La mort du Courvoyeur ne prouvoit que trop pour cette

R iv

malheureufe femme & pour fes enfans, que la raifon de la défo-béiffance du défunt étoit légiti-me ; & le Cavalier qui l'avoit trouvé au lit de la mort ne mé-ritoit-il pas une punition exem-plaire pour ne s'être pas retiré?

9. Il feroit également jufte & important que le falaire de ces Cavaliers fût extrêmement réduit & modéré, par la raifon fenfi-ble qu'ils font déja payés par le Roi pour veiller à la fûreté pu-blique, en cherchant & en ar-rêtant les voleurs, & que le fer-vice des corvées n'étant pas à beaucoup près auffi rude ni auffi dangereux que celui de pourfui-vre des malfaiteurs au travers des bois & des cavernes, quelque mince taxe qu'on fît aux Cava-liers, elle devroit les exciter fuf-fifamment, puifqu'elle leur tour-neroit à récompenfe: moins de profit leur laifferoit peut être plus

d'humanité, & feroit tout au
moins ceſſer les bruits qui courent dans les Provinces contre
ceux qu'on accuſe de participer
au bénéfice.

10. Je ne me laſſerai point de
faire la guerre au péculat qu'en-
fantent les corvées, juſqu'à ce que
mes vœux ſoient exaucés : je donne librement ce nom à tous les
préſens qu'on fait pour ſe délivrer de cette charge devenue un
fléau mortel, par les excès de la
prévarication : je voudrois que les
Tréſoriers de France fuſſent autoriſés à ſe faire repréſenter les
comptes des Communautés ; pour
voir ſi ceux qui les rendent n'y
emploient ni argent ni préſens
ſous des titres interpoſés d'étren-
nes, de gratifications, de dépen-
ſes ſecrettes & autres ; & que dans
les cas où ils y en trouveroient,
ils en dreſſaſſent leurs Procès-verbaux, pour être remis à leur Com-

pagnie, & le Procès fait par elle
à ceux qui les auroient reçus,
après en avoir donné avis à la
Direction générale. Je ne sais
quelles peines le Gouvernement
jugera à propos de prononcer contre les ames basses qui se laissent
ainsi corrompre ; mais je ne doute
pas qu'on ne puisse les assimiler
à celles des Juges prévaricateurs,
qui vendent la Justice ; & combien de victimes n'offrirois-je pas
à son glaive, s'il m'étoit permis
de sortir de mon sujet ! la dépo-
sition publique lui découvriroit
tant de coupables qu'elle en seroit effrayée. Quel siecle, s'écrie-
roit-elle, où l'argent a souillé tous
mes Tribunaux, & où l'impu-
dence est montée jusqu'à tarifer
les devoirs les plus saints ? Il est
d'usage que les appointemens &
gratifications des Employés qui
ne sont pas enregistrés à la Chambre des Comptes, de même que

les frais d'outils & autres foient
employés comme charges dans
les adjudications , fans quoi la
Chambre les rayeroit. On peut
dire qu'en cette occafion l'amour
de la régularité porte ces Juges à
la faire violer : comme ils ne font
point parties capables pour juger
des frais d'une entreprife de Ponts
& Chauffées , les Ordonnateurs
craindroient d'allumer le zele de
ce Tribunal , s'ils lui montroient
à découvert toutes les dépenfes
imprévûes& indifpenfables qu'oc-
cafionne le fervice; ils les cachent
fous d'autres formes dans les adjudications , après en avoir ar-
rêté l'état au vrai par des comptes particuliers : d'un autre côté
cet expédient pourroit induire
ces Ordonnateurs , s'il y en avoit
de mauvaife foi , à cacher fous
des dénominations étrangeres des
ouvrages qu'ils voudroient fouftraire à la févérité de l'examen.

R vj

La Loi feroit donc très fage felon moi, fi elle enjoignoit de ne
comprendre dans les adjudications que les ouvrages, & de faire
dans chaque Généralité un Chapitre de charges qui feroit payé
en Province fur les Ordonnances
des Intendans, & à Paris fur les
mandemens des Tréforiers de
France Commiffaires. Je regarde
comme un abus dans l'adminiftration des affaires publiques, de
fermer les paffages à la vérité,
dont l'éclat doit édifier tous les
hommes & leur impofer le ref-
peĉt. Je ne fais qu'effleurer le détail de chaque partie de la Police, ne préfumant pas affez de mes
lumieres pour penfer qu'elles puiffent fervir de guides aux efprits
éclairés qui feront chargés de dreffer cette bienfaifante Loi : je ne
regarde moi même mes réflexions
que comme des points ou des
notes qui peuvent fervir d'aver-

tiſſement ; & je m'abſtiens tout-
à-fait de donner mes avis ſur ce
qui concerne l'arrangement du
travail des corvées , ſachant que
la Direction n'y laiſſera rien à
deſirer. J'oſe ſeulement répéter
qu'elles ſeront toujours odieuſes ,
s'il n'eſt pas abſolument interdit
aux Ordonnateurs de les commander pour d'autres ouvrages
que ceux qui auront été approuvés
par la Direction. N'eſt-il pas en
effet déſeſperant pour les Peuples
d'avoir été tourmentés pendant
pluſieurs années pour la réparation
d'une route , & de la voir aban-
donnée tout-à-coup , parcequ'on
s'apperçoit trop tard qu'elle a été
imaginée par l'ignorance , par la
faveur ou par la corruption , comme ſi l'Etat étoit obligé de faire
autant de chemins qu'il y a d'intérêts particuliers à ſatisfaire :
c'eſt une tyrannie quand on y em-
ploye les corvées ; c'eſt une dé-

prédation quand on travaille à prix d'argent.

J'ai promis de dire un mot fur les chemins de la Généralité de Paris, fitués hors de la Banlieue. Je demande pourquoi le travail des corvées tel que je le requiers n'y feroit pas établi comme dans toutes les autres. Qu'on interroge tout homme impartial fur cette différence : je doute qu'on trouve quelqu'un à qui elle ne paroiffe injufte , & je défie qu'on puiffe former une objection raifonnable contre ma propofition , furtout quand on faura que tout le Royaume contribue de fes deniers à la réparation des chemins de cette Généralité , & qu'elle abforbe le tiers ou le quart de l'impofition générale deftinée aux Ponts & Chauffées.

CHAPITRE VII.

De la Police & des formalités des Turcies & Levées.

COMME les ouvrage de ce Département font tous de l'art, à l'exception des pavés & des enfablemens, ils font faits auffi à prix d'argent, en conféquence des devis qui en ont été dreffés par les Ingénieurs, & en vertu des adjudications qui en font paffées devant l'Intendant des Turcies & Levées, Ordonnateur en cette partie. On attend chaque année que les eaux foient baffes pour être en état de vérifier les ouvrages faits l'année précédente, & pour ordonner ceux qui font devenus néceffaires par l'ufure des anciens ou par les détériorations que les eaux ont faites

pendant l'Hiver : c'eſt d'ordinaire
dans le mois de Juin que cet Intendant s'embarque ſur la Loire
& ſur l'Allier , avec les Ingénieurs des deux Départemens ,
l'un après l'autre , & avec les deux
Contrôleurs qui ne le quittent
pas , étant témoins néceſſaires
aux adjudications ſuivant l'inſtitution de leurs Offices. Là ſe
portant d'un bord à l'autre en
remontant les Rivieres & en les
deſcendant , on prend les at-
tachemens de chaque ouvrage à
faire & les toiſés de ceux qui
ſont faits. Si les premiers ſont
dans les claſſes des ouvrages pour
leſquels il y a des devis com-
muns, tels que perrez (a) ſans bâtis
ou avec bâtis , il n'eſt queſtion
que du toiſé : ſi au contraire, il s'a-
git d'une nouvelle conſtruction ,
on en dreſſe un devis particulier

(a) Par corruption du mot de *pierrées.*

sur les plans & les profils nécessaires.

Rien ne me paroît si difficile
que de faire ces ouvrages avec
précision, à cause que les eaux
les interrompent quelquefois, &
empêchent souvent que les assem-
blages de charpente puissent être
faits solidement : il est encore
plus dangereux que les parties en-
terrées, telles que les pieux &
palplanches ne soient pas des
longueurs prescrites. Pour en répondre il faudroit qu'un Inspecteur les eût tous mesurés & vûs
battre l'un après l'autre : je ne sais
si malgré la bonne opinion qu'on
doit avoir des Employés de ce
Département, on peut assurer
qu'ils sont toujours en état de
remplir cette condition, & si leur
bonne foi ne rend pas l'Etat
souvent dupe de l'infidélité des
Entrepreneurs.

Pour prévenir ce danger, il

seroit à souhaiter que la Charge
d'Intendant ne pût être remplie
que par des Gradués d'un état
affez noble pour leur attirer une
confidération digne de cette place ; qu'ils fuffent fuffifamment
inftruits dans la fcience des Loix,
& affez initiés dans les principes
de l'art pour entendre les opérations des Ingénieurs ; qu'on don-
nât à l'Intendant une autorité affez étendue fur ces Officiers pour
les aftraindre à remplir leurs devoirs, & une Jurifdiction fur les
Riverains, telle, qu'en cas de
contravention aux Reglemens, il
pût leur infliger les peines qu'ils
auroient encourues ; il faudroit,
dis-je en faire une Magiftrature,
lui ériger un Tribunal, tant pour
les adjudications que pour la décifion des différends qui pourroient
naître entre les Adjudicataires &
les Particuliers, & lui attribuer
dans cette partie autant de pou-

voir qu'en ont les Intendans de Juſtice, Police & Finances pour les matieres ſoumiſes à leur Juriſdiction. Je ne doute pas même que dans la premiere inſtitution, l'idée du Gouvernement n'ait été d'attacher une grande conſidération à cette Charge, & je vois qu'il en avoit encore cette opinion en 1651, puiſque le Roi commit un Conſeiller de Grand'-Chambre du Parlement de Paris pour répartir ſur les Habitans d'un grand nombre de Paroiſſes la dépenſe à laquelle ils s'étoient ſoumis pour la réparation des Levées, comme auſſi pour examiner, clore & arrêter *avec les Intendans des Turcies & Levées*, les comptes de recette & de dépenſe de ce recouvrement. Mais depuis ce tems les augmentations de Finance ont rendu cet Office comme bien d'autres, la proie de l'argent, & dès lors il eſt impoſſible que l'honneur seul soit le mobile de la gestion, quoique dans toutes les matieres d'Etat elle ne dût point écouter d'autre voix ni reconnoître d'autre aiguillon.

F I N.

TABLE
DES CHAPITRES

Contenus dans ce Volume.

PREMIERE PARTIE.

Des Hommes qui concourent à la réparation des Chemins

TABLE

SECONDE PARTIE.

Des Ouvrages néceffaires à la Réparation des Chemins, & des moyens par lefquels on peut la procurer.

DES CHAPITRES

TROISIEME PARTIE.

Du droit qui régit les Ponts & Chauffées, & des formes qu'on y suit.

DES CHAPITRES.

Fin de la Table des Chapitres.

www.ingramcontent.com/pod-product-compliance
Lightning Source LLC
Chambersburg PA
CBHW061002220326
41599CB00023B/3805